漁業者高齢化と十年後の漁村

山下 東子 編著

北斗書房

漁業者高齢化と十年後の漁村

－ 目　次 －

序章　縮小と高齢化に向かう日本漁業

山下　東子

1. はじめに ……………………………………………………………… 1
2. 本書の背景－縮小する日本漁業と高齢化－……………………………2
3. 本書の概要 …………………………………………………………………4
  (1) 第1章の概要……………………………………………………… 6
  (2) 第2章の概要……………………………………………………… 7
  (3) 第3章の概要……………………………………………………… 8
  (4) 第4章の概要……………………………………………………… 10
  (5) 第5章の概要……………………………………………………… 11
  (6) 第6章の概要……………………………………………………… 12
  (7) 第7章の概要……………………………………………………… 13
  (8) 第8章の概要……………………………………………………… 15
  (9) 第9章の概要……………………………………………………… 16

第1章　高齢漁業者の就業継続とその社会的利益・社会的費用

山下　東子

1. はじめに………………………………………………………………19
2. 一般就業者と比較した高齢漁業就業者の特徴 ………………………20
3. 高齢者の漁業者像―漁業経営調査から ……………………………22
  (1) 分析対象者の概況……………………………………………… 23
  (2) 後継者の有無と漁業生産物収入……………………………… 25
  (3) 労働時間と漁獲種類……………………………………………… 27
4. 高齢者の漁業継続理由…………………………………………………30

(1) 日本人の労働力人口比率と就労意欲……………………………… 30

　(2) 漁業者の「引退」動機…………………………………………… 31

　(3) 漁業継続理由についての考察…………………………………… 32

　(4) 高齢漁業者の漁業日数と漁業所得…………………………… 35

5．　高齢者就業の社会的利益・社会的費用 ………………………37

　(1) 高齢漁業者が漁業を継続することの社会的利益………… 38

　(2) 高齢漁業者が漁業を継続することの社会的費用………… 39

6．　おわりに………………………………………………………………41

第2章　就業者の推移からみた自営漁業の生産力の将来見通しと政策課題

山内　昌和

1．　はじめに …………………………………………………………47

2．　自営漁業就業者の変化のメカニズム………………………………49

　(1) 全国でみた自営漁業就業者の減少と高齢化のメカニズム… 49

　(2) 他産業の就業者との比較でみた漁業の特徴………………… 51

　(3) 地域別にみた自営漁業就業者の減少と高齢化のメカニズム…53

3．　個人漁業経営体世帯の変化……………………………………56

　(1) 個人漁業経営体世帯の規模の縮小…………………………… 56

　(2) 個人漁業経営体世帯員の変化………………………………… 58

4．　今後の漁業就業者数の見通しと漁業生産力への影響………………61

　(1) 漁業就業者数の将来推計……………………………………… 61

　(2) 今後の海上作業従事日数と販売金額の見通し……………… 63

5．　今後想定される自営漁業の変化と政策課題………………………65

6．　おわりに………………………………………………………………68

第3章　高齢漁業者のライフコース

大谷　誠

1.　はじめに………………………………………………………………73
2.　**後継者の有無と存在形態の関係**………………………………75
  (1) 就業形態の今日的傾向……………………………………… 75
  (2) 後継者の有無が自営漁業者に与える影響………………… 76
  (3) 後継者の有無による存在形態の相違性…………………… 77
3.　**漁家廃業過程における存在形態**………………………………78
  (1) 営漁する漁業種類の傾向…………………………………… 78
  (2) 漁家廃業過程の就業実態…………………………………… 79
  (3) 漁家廃業による存在形態への影響………………………… 81
4.　**漁家廃業後の存在形態**…………………………………………82
  (1) 地域漁業の陸上労働市場の現状…………………………… 83
  (2) 高齢漁業者への支援対策の現状…………………………… 84
5.　**おわりに**…………………………………………………………88
  (1) 高齢漁業者の就業構造の今日的特徴……………………… 88
  (2) 高齢漁業者の存在形態の今日的特徴……………………… 89

第4章　日本漁業における高齢漁業者の生産力と役割

工藤　貴史

1.　はじめに………………………………………………………………93
2.　漁業者の高齢化とその問題　………………………………………94
3.　高齢単世代漁家の形成と生産実態…………………………………99
  (1) 高齢漁業者数の動向と就業実態…………………………… 99
  (2) 漁家の労働力構成と世帯員構成……………………………101
  (3) 高齢単世代漁家の生産実態…………………………………103
4.　漁業種類別の高齢単世代漁家の生産実態　………………………104
5.　「高齢者漁業」の担い手問題………………………………………108
6.　おわりに………………………………………………………………111

第5章　農業経営形態の特性に見る離農と高齢化の要因

加藤　基樹

1. はじめに ……………………………………………………115
2. 高齢化の実態と分析の前提 ………………………………117
3. 農業従事者が離農する要因の検討………………………119
   (1) 農業構造に起因するもの…………………………………120
   (2) 政策・制度的要因…………………………………………124
4. 北海道における新たな経営形態と若年層の就業についての検討…129
   (1) 北海道のB法人について…………………………………129
   (2) 農業の法人化と漁業における「雇われ」…………………132
5. おわりに ……………………………………………………134

第6章　高齢者就業の実態と社会保障政策の課題
―漁業者の高齢化問題を考える視座の設定―

下田　直樹

1. はじめに …………………………………………………………137
2. 高齢化の現状 …………………………………………………137
   (1) 日本における高齢化の過程………………………………139
   (2) 日本の人口高齢化の特徴…………………………………140
3. 出生率の低下・少子化とその社会への影響 ……………142
   (1) 少子化の進行………………………………………………142
   (2) 少子化対策とその効果……………………………………143
4. 高齢者雇用・就業の状況 …………………………………144
   (1) 日本の高齢者就業…………………………………………144
   (2) 産業別に見た高齢者就業…………………………………147
   (3) 高齢者就業の場としての自営業…………………………149
5. 高齢者の継続雇用・就業と経済状況 ……………………150
6. おわりに …………………………………………………………153

第7章 ケーススタディ 高齢者漁業の10年
−沿岸漁村における漁業者高齢化の実態とその諸相−

山下 東子工藤 貴史

1. はじめに ……………………………………………………155
2. 磯根漁業：佐渡・高千地区の10年……………………………157
   −漁業者高齢化と漁場利用制度−
   (1) 当地区の概要………………………………………………157
   (2) 操業類型と兼業構造 −地域漁業の零細性と他律性−……158
   (3) 漁場利用制度の改正とその困難性…………………………161
   (4) 小括 −採貝漁業の制約要因と10年後の展望 …………164
3. 1本釣り漁業：和歌山県印南地区の10年 …………………166
   −漁業者高齢化による資源利用低下−
   (1) 当地区の概要………………………………………………166
   (2) 操業類型と兼業構造………………………………………167
   (3) 1本釣り漁業の操業内容と資源利用の実態………………168
   (4) 小括 −1本釣り漁業の制約要因と10年後の展望…………170
4. 刺網漁業・採藻漁業：北海道礼文島の10年…………………171
   −漁業者高齢化と労働力確保問題−
   (1) 地域の概要…………………………………………………171
   (2) ほっけ刺網漁業の操業実態と10年後の課題………………173
   (3) 磯根漁業の操業実態と10年後の課題………………………176
5. おわりに ……………………………………………………179

第8章 ケーススタディ 日韓台の高齢化の実態とその対策

山下 東子

1. はじめに ……………………………………………………183
2. 3か国・地域における漁業就業実態…………………………184
   (1) 韓国の漁業就業実態………………………………………185
   (2) 台湾の漁業就業実態………………………………………187

３．３か国・地域における高齢化対策とその効果 ……………………189
４．３か国・地域における外国人労働力の活用 ……………………190
５．まとめ …………………………………………………………………193

第９章　これからの漁村と漁業構造改革

山下　東子

(1) 高齢者がいつまでも働き続けられるような漁村づくり………198
(2) 新たな担い手の確保…………………………………………………200
(3) 効率的な漁業経営……………………………………………………201

あとがき ……………………………………………………………………203
執筆者一覧 …………………………………………………………………205

序章　縮小と高齢化に向かう日本漁業

山下　東子

1.　はじめに

　65才以上の漁業者は漁業就業者の 35.2％ (農林水産省『漁業センサス (2013)』) を占めている。これまで漁業労働の問題を論じる際には、青壮年漁業者数および新規参入者数の絶対的不足が問題として取り扱われることが多かった。対して高齢漁業者は漁業の担い手の残余とみなされ、高齢漁業者そのものの漁業生産力や産業に対する寄与、漁村社会における位置づけについては正面から議論され評価されてはこなかった。

　しかし年金を受給しながらも引退せず漁業を継続する高齢漁業者はすでに漁業就業者の 3 分の 1 以上を占め、今後も漁業者総数が減少していくなかで高齢漁業者の割合は上昇していくと予想される。そこで今後の漁業や漁村を展望するうえで、高齢漁業者の実像を類型化して把握することが必要となってきている。

　そこで本書は、沿岸漁業を中心に高齢漁業者に焦点を当て、その実態を多角的に論じるとともに漁村の将来を展望する。具体的には、漁家のデモグラフィとその推移、漁業継続動機・廃業動機、加齢に伴う漁業種類の変遷と資源利用、漁業生産力と収入・家計運営、漁村社会への貢献度を社会科学的手法によって浮き彫りにする。また、この結果をより高齢化が進展している農業と対比させ、また高齢化問題一般の議論と対比させることにより、漁業の現状を相対化する。

　以下第 1 章から第 4 章において漁業者の高齢化問題を多角的に論じたあと、第 5 章と第 6 章で他産業との対比を、第 7 章と第 8 章でケーススタディを行い、第 9 章で今後の展望を述べる。

2. 本書の背景－縮小する日本漁業と高齢化－

本節ではまず、日本の漁業の現状について概観する。

日本の EEZ (排他的経済水域) を含む北西太平洋海域は古くから世界３大漁場として知られており、他の２漁場である北東大西洋、北西大西洋の生産量がすでに大きく落ち込んでいるなかでなお、世界の漁海区として最も高い生産量を上げ続けていることは特記に値するだろう。その生産量は世界の海面漁業生産量 9,251 万 t(2012 年) の 24％に相当する[1]。

日本周辺海域での漁業生産力がこれほど高くあり続けられたのは日本列島を挟み込むように寒流と暖流が走り、それに乗って多様な魚が日本周辺に回遊すること、東シナ海に広大な大陸棚が広がっていることなど恵まれた自然

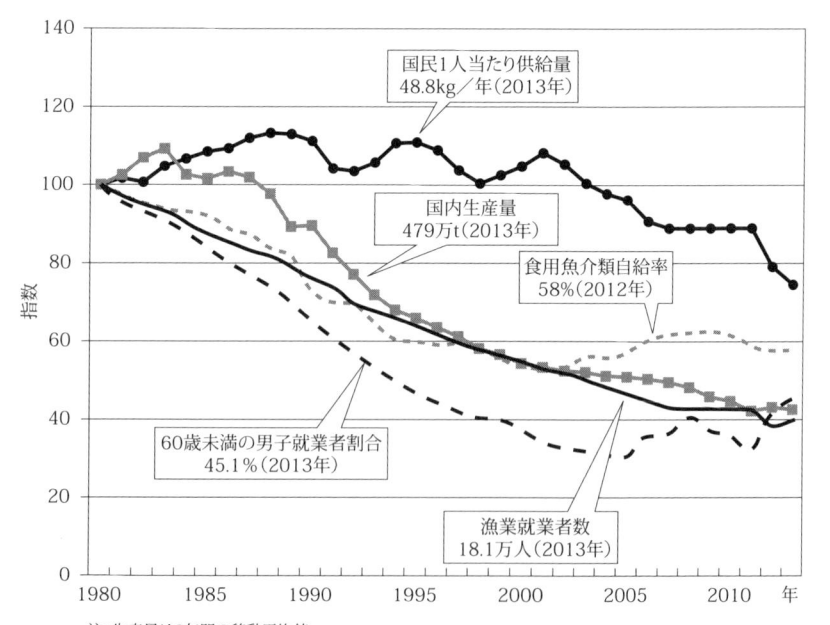

注：生産量は3年間の移動平均値。
出所：生産量は農林水産省『漁業・養殖業生産統計年報』、供給量・自給率は農林水産省『食料需給表』。
　　　就業者数、年齢割合は農林水産省『漁業センサス』『漁業動態統計年報』。

図序-1　水産指標30年の推移（1980年＝100）

環境に負うところが大きい。

　海面漁業生産量の推移を経年的に見ると、そのピークは 1988 年で、世界生産 9,089 万 t に対して日本は 13.9 ％のシェアを有していた。直近データである 2012 年、世界生産に占める日本のシェアは 4 ％となった。世界の漁業生産が徐々に拡大する一方で日本の生産量は絶対的にも相対的にも縮小している。このことは日本の水産諸指標がいずれも低下の一途を辿っていることからもわかる。生産要素である漁業労働力と漁船について見ると、顕著なのが漁業就業者数の減少で 1980 年 (46 万人) の 40 ％ (2013 年) となっている (図序 -1)。しかもその内部では高齢化が進行しており、漁業就業者に占める 60 歳未満の割合は 45 ％に過ぎない。漁船の高齢化も進展している。1989 年前後のバブルの時代に大量の新船が建造されたこともあり、その後 20 数年を経ても更新ができていない。後継者が育っていないことに加え、新船への投資を回収する見込みが立たないためである。

　漁業生産量はすでに 479 万 t(2013 年) と、ピーク時 (1988 年) の 37 ％に減少している。その要因としては、200 カイリ時代を迎えて遠洋漁業から撤退したことと、当時生産量の約半分を占めていたマイワシの資源変動が大きい。これら特殊要因を除いた沿岸・沖合漁業の生産量も漸減傾向にある。

　自給率はその他の指標に比べると落ち込みが小さい。それどころか、2002 年の 53 ％を底に、近年はむしろ 58 ％へと上昇さえしている。しかしその要因は後ろ向きである。というのは、自給率とは国内消費に占める国内生産の割合であるから、分子に置く国内生産量の減少分より分母である国内供給量の減少幅のほうが大きければ自給率は上昇するからである。

　市場の特性として、需要の減退期には価格が低下する。漁業者の所得は収入と支出の差額である。漁獲量も魚価も下落しているため、漁業収入が減少する。一方、支出は人件費、減価償却費、燃油費等のコストの和であるが、原油価格は 2008 年に 130 ドル / バーレルを越えたあと、高止まりしてきた。沿岸漁船漁家の漁業支出に占める燃油費の割合は 19.1 ％にものぼり、漁業支出を押し上げる要因となっている。

　結果的に差額である漁業者の所得も経年的に低下しており、沿岸漁船漁家

の漁業収入は 204.1 万円 (2012 年) と、勤労者の勤務先収入の平均値である 521.9 万円 (同前) の僅か 39％しか稼げていない[2]。漁業は、魚が獲れない→獲っても売れない→魚価が低い→所得が低い→後継者が育たない→魚が獲れない、という負のスパイラルに陥っている。漁業者の高齢化はこのような日本漁業の縮小とともに生じている。

3. 本書の概要

　本節では各章の概要について紹介する。第 1 章から 4 章までは漁業の高齢化問題について、農林水産省『漁業センサス (2008)』の分析を中心に多角的に検討する。第 5 章では漁業より高齢化が進んでいる農業を漁業と対比させ、第 6 章では就業者一般を農林水産業と対比させる。第 7 章では日本のケーススタディとして 3 か所の漁村の事例とその 10 年後の変化を分析する。第 8 章では日本の高齢化問題を韓国・台湾と比較する。最後に第 9 章で今後の展望を行う。以下には、より詳細に各章の概要を紹介する。

　なお、各章には様々なデータソースから高齢化率の指標が示されているが、それらを抜粋すると表序 1- 表序 5 のようにまとめられる。本書の各章における分析は主として農林水産省『漁業センサス (2008)』およびそれ以前の漁業センサスをもとに行われている。しかし本書脱稿前に 2013 年漁業センサスの概要が発表されたため、表序 -6 にはその数値も掲載した。

表序-1　漁業就業者の高齢者割合（2008年）

単位：人

	漁業就業者			自営のみ			漁業雇われ		
	小計	-64	65-	小計	-64	65-	小計	-64	65-
男女計	221,908	146,098	75,810	141,053	77,876	63,177	80,855	68,222	12,633
	(100.0%)	(65.8%)	(34.2%)	(100.0%)	(55.2%)	(44.8%)	(100.0%)	(84.4%)	(15.6%)
男	187,820	124,598	63,222	112,374	60,767	51,607	75,446	63,831	11,615
	(100.0%)	(66.3%)	(33.7%)	(100.0%)	(54.1%)	(45.9%)	(100.0%)	(84.6%)	(15.4%)
女	34,088	21,500	12,588	28,679	17,109	11,570	5,409	4,391	1,018
	(100.0%)	(63.1%)	(36.9%)	(100.0%)	(59.7%)	(40.3%)	(100.0%)	(81.2%)	(18.8%)

注：男女計の漁業就業者、高齢者割合（34.2％）を山下（第1章）が引用、男子漁業就業者、高齢者割合（33.7％）を大谷
　（第3章）が引用、男子自営のみ、高齢者割合（45.9％）を山内（第2章）が引用。
出所：農林水産省『漁業センサス(2008)』

序章　縮小と高齢化に向かう日本漁業　5

表序-2　漁業従事世帯員の年齢別構成（男女計）

単位：人

	計	-64	65-	割合
2008年	196,026	112,155	83,871	42.8%

注：高齢者割合（42.8%）を工藤（第4章）が引用。なお、漁業従事世帯員とは、個人経営体の世帯員の
　　うち満15歳以上で過去1年間に漁業に従事した者を指す。
出所：農林水産省『漁業センサス(2008)』

表序-3　個人経営体経営主の高齢化

単位：人

個人経営体経営主	うち65歳以上	割合
108,126	52,135	48.2%

注：高齢者割合（48.2%）を大谷（第3章）が引用。
出所：農林水産省『漁業センサス(2008)』個票の工藤による組
　　み換えデータ

表序-4　2008年における年齢階層別の海上作業日数別漁業従事世帯員数

単位：人

	人数計	30日未満	30-89日	90-149日	150-199日	200-249日	250-299日	300以上	海上作業日数合計（日）	平均海上作業日数（日）
合　計	161,265	4,670	35,029	42,747	28,899	27,303	14,112	8,505	23,385,698	145
65歳以上	68,619	1,593	17,132	21,615	12,058	68,619	4,334	2,514	9,092,544	133
割合(%)	42.6	34.1	49.1	50.6	41.7	34.1	30.7	29.6	38.9	-

注1：65歳以上割合（42.6%）を工藤（第4章）が引用。
注2：表4-2「2008年における年齢階層別の海上作業日数別漁業従事世帯員数」より抜粋
出所：農林水産省『漁業センサス(2008)』「漁業経営体調査票Ⅰ（個人経営体用）」個票の工藤による組み換え集計

表序-5　漁業就業者　高齢者割合（2008-2013年）

単位：人

	2008	2009	2010	2011（東北3県を除く）	2012（東北3県を除く）	2013
漁業就業者数	22.2	21.2	20.3	17.8	17.4	18.1
うち65歳以上	7.6	7.6	7.3	6.4	6.4	6.4
割合	34.2%	35.8%	36.0%	36.0%	36.8%	35.4%

注：高齢者割合（35.4%）を加藤（第5章）が引用。
出所：農林水産省『農林水産基本データ集』

6

表序-6　漁業就業者の高齢者割合（2013年）

単位：人

| | 漁業就業者 | | |
	小計	-64	65-
男女計	181,253	117,526	63,727
	(100.0%)	(64.8%)	(35.2%)
男	157,370	103,486	53,884
	(100.0%)	(65.8%)	(34.2%)
女	23,883	14,040	9,843
	(100.0%)	(58.8%)	(41.2%)

注：男女計の高齢者割合（35.2％）を山下（序章）が引用。
出所：農林水産省『漁業センサス（2013）』

(1) 第1章の概要

　「第1章　高齢漁業者の就業継続とその社会的利益・社会的費用」（山下東子）では高齢漁業者の漁業継続理由について議論するとともに高齢漁業者が漁業を継続することによる社会的利益と社会的費用を試算している。

　一般の被雇用者と比較した漁業就業者の特徴は、定年の不在、早期引退の存在とその減少、およびコーホート別就業人口規模に格差があることにある。特にコーホート別就業人口は、1954-58年生まれ以降の世代では絶対数自体が1-2万人しかおらず、この前の世代が引退した後は漁業就業者数が激減することが予想される。

　漁業者に限らず、日本人の場合は他のOECD諸国に比べて高齢になってもなお働き続けている人の割合が高い。内閣府の調査によると、その理由は収入のため（43.8％）、健康・老化防止（25.8％）、仕事が面白いから（20.7％）である。もちろん働かざるを得ないためにやむなく漁業を継続している漁業者も存在するであろうが、本章では漁業者はおおむね自らの意志で、積極的に漁業を継続しているととらえることとする。

　高齢漁業者の年間就労日数と漁業所得を推計したところ、65-69歳は週に3-4日就労して153万円程度の所得を得、高齢になるにしたがって就業日数を減らし、漁労所得も徐々に低下していく。厚生年金受給者の年金額と国民年金受給者の老齢基礎年金額の間には年間114.6万円の開きがある。高

齢漁業者は65歳以降も10年程度は漁業を継続することにより、ちょうどこのギャップを埋めるほどの所得を得ていることになる。

高齢者が漁業を継続することにより、当人には漁業所得という直接的な利益がもたらされる一方、仕事の労力や余暇時間の減少という費用も発生する。これとは別に、高齢者が漁業を継続することの社会的利益と社会的費用を代替法によって積算する。その候補は、代替的な生活費、余暇・健康維持費用、海洋監視費用であり、その合計は年間1205.69億円となる。高齢漁業者が漁業を継続しているために社会が負担を免れているという意味で、これは社会的利益として計上される。

一方、高齢漁業者が漁業を継続することの社会的費用を、いくつかの前提を置いたうえで試算する。その候補は漁業インフラの維持費、高齢漁業者が残留しているために若い漁業者が得られなかった所得の遺失分、高齢漁業者層が全体の3分の1をも占めているために立ち遅れた漁業構造改革のコストである。それらの合計は866.42億円となる。

社会的利益は社会的費用を1.4倍上回っている。そこで高齢漁業者が漁業を継続することが差し引き社会的利益をもたらしており、高齢漁業者の引退を奨励するための特段の政策は当面必要ないと結論づけられる。

(2) 第2章の概要

「第2章　就業者の推移からみた自営漁業の生産力の将来見通しと政策課題」(山内昌和)は、漁業者数と年齢構造の変化の整理、今後の見通しと将来の漁業生産力への影響、および今後想起される変化について論じている。

総務省『国勢調査』で見ると漁業就業者の減少がこの30年間全産業中最も多く(45.6%)、高齢化率も農業に次ぐ高水準である。30-34歳の就業者の減少も、他産業に比べて最も大きい。農林業に比べれば高齢漁業者のコーホート変化率は小さいものの、第2次産業や第3次産業と比べて高齢漁業者のコーホート変化率が大きい。他産業に比べて高齢化が早くから進んでいたことが現在まで残っている。

漁家の世帯規模は1978年から2008年で1.2人減った。世帯規模の減少

は、親から子へという世代の再生産が行われにくい状況へと変化する中で生じた。漁家世帯も高齢化し、2003 年には高齢化率が 31.1% となった。また親子同居していても子は漁業以外の職業に就く割合が上昇し、女性も若い人は常雇の割合が増えた。これは高齢漁業者が補助的な漁業労働力ではなく基幹的労働力になっていることを物語っている。50 歳代以上の女性の海上作業の割合がこの間に上昇したことから、後継の漁業労働力のいない漁家世帯を中心に高齢の妻が高齢の夫の補助的な労働力として自営漁業を支える例が増えているのかもしれない。更に再生産機能 (子供の合計特殊出生率、TFR) が低下、嫡男がいない状況が発生し、漁業後継者の確保という点で無視できない影響を及ぼしている。

推計の結果、2028 年には漁業者数が 2008 年の 36.9%、高齢化率は現在の 45.9% から 61.6% に上昇する。生産力の指標として海上作業従事日数と販売金額を見ると、これらは高齢化で減ると予想される。2028 年の延べ販売金額は 2008 年の 32.0% となる。

以上の推計結果の影響として、次の 7 点が結論付けられる。①資源の回復が進む、②経営が改善する、③漁業関連産業が縮小する、④産地市場が成立困難になる、⑤コスト上昇が経営を圧迫する、⑥漁業生産量がある程度減り、輸入依存が高まる、⑦少数の企業的経営が自営が担ってきた生産の肩代わりをするかもしれない。漁業者が再生産されないがゆえに、産業としての持続性が危ぶまれる段階に達しているのではないか。漁家世帯の再生産機能が低下しているため、非漁家出身者にも漁業就業者になってもらわねばならない。そのためには法人化した経営組織を再評価することも必要である。今後は日本漁業の将来に関する様々なシナリオを比較・検討していくことが必要になる。

(3) 第 3 章の概要

「第 3 章　高齢漁業者のライフコース」(大谷誠) では、これまで家族労働の中で一翼をになう存在として位置づけられてきた高齢漁業者が、就業構造が変化した今日においてどのように位置づけられるかを論じている。

序章　縮小と高齢化に向かう日本漁業　9

　高齢漁業者が経営主の場合は、約5割は本人のみの操業、約3割は夫婦営漁、結果的に8割が本人のみか夫婦での操業である。したがって世帯員の役割分担という機能はもはや一般的ではない。後継者の有無によって階層分化が進行する。後継者がいれば家庭内で役割分担をし、相互扶助ができるところだが、後継者がいないと所得が漸減し、廃業するしかなくなる。

　高齢漁業者は甲板作業の労働が軽く、漁場が近場であるような漁業を選ぶ。すると釣り、刺網、採貝藻が増え、底引き、船曳が減る。また、同じ漁業を続ける人々の間では、近距離化、漁具数の減少、入網回数の減少、操業日数の減少が看取される。漁業種類を移行する人の特徴は、①そうした漁業が地域に存在すること、②新規資金が手当てできること、③移行漁業の権利や許可を取得できること、④ノウハウを獲得できることである。高齢者は緩やかに営漁形態を変化させ、最終的に廃業する。廃業後の暮らしについては統計から外れるので不明な部分も多い。

　年金はなぎさ年金と国民年金の2階建てとなっており、加えてかつては漁業者ねんきんも用意されていた。3つ全部に加入すると、65歳以降の給付金額が満額で夫婦25万円と、サラリーマン並みになる。しかし、なぎさ年金は当初から加入が伸び悩み、漁業者ねんきんも漸減傾向にある。加入者が少ないのは漁業者が年金より保険を重視するからで、保険は31万件の加入、一方漁業者ねんきんは8.6万件の加入にとどまる。

　高齢者の雇用という観点からは自営定置は高齢漁業者に向いた仕事であるが、定置に誰を雇用するかはその漁協の方針にもよる。最近は高齢者を優先的に雇用する例が山口県越ヶ浜定置であり、漁業者は順番待ちしている。

　漁業は高齢者が自立可能な産業であり、好きで継続している人もいる。しかし消極的な選択によって滞留せざるを得ない人もいる。こうした人々の存在は、若年層に不安をもたらし、マイナスイメージを与えるだろう。漁家廃業後の職業の移行が困難なので、老後リスクがある。それを改善するためには、加齢に応じた就業、所得機会の付与と年齢構成のバランスを改善することが必要である。それにより相互扶助機能が改善する。社会保障の充実も必要とされている。

(4) 第4章の概要

　「第4章　日本漁業における高齢漁業者の生産力と役割」(工藤貴史)では、10年後には現在の高齢漁業者がほぼ皆無となるという問題意識のもとで、高齢単世代漁家の存在を明らかにし、彼らがどのように生産に貢献しているかを漁業種類別に分析している。

　昭和一桁世代の特徴は、1940年代の終戦前後に就業年齢に達し、他の就業機会に恵まれないなかで家業である漁業に就業したことである。これ以降の世代は、参入する者より退出する者のほうが多い状態が続いた。

　漁業従事世帯員数、すなわち個人経営体で過去1年に1日でも漁業に従事した15歳以上の者の数で見ていくと、2013年には昭和一桁世代が80歳を超えて引退するが、次の世代(60-64歳)が2万4千人と少ないので、65歳以上の漁業従事世帯員数が大幅に減少すると予想される。さらにその下の世代の人数が少ないため、2018年にはさらに高齢化が加速するだろう。65歳以上は基幹的労働力と言えるまでに比重を高めている。

　農林水産省『漁業センサス』個票データを組み替えて海上作業日数を見たところ、日数で見てのべ4割は65歳以上で占められている。海上作業日数は年齢が上がると減りはするが、それでも他の世代と同様の90-140日海上作業している者が最も多い。さらに約3割の高齢者が年間300日以上海上作業に従事している。

　高齢男子または高齢の夫婦のみが漁業に従事している世帯が全体の4割を占め、その世帯には他に同居する家族がいない。ただし、高齢世帯の漁業生産金額は大きくなく、高齢単世代漁家による生産金額は1,500億円分となっている。これが廃業後にどうなるかであるが、残存経営体が水揚げするかもしれないが、これまで人数減と並行的に漁獲量の減少が生じていたことを考えると、残存経営体による水揚げ増が生じる可能性はないかもしれない。その成否は高齢漁業者が営んでいる漁業種類にもよる。

　そこで、どのような漁業を営んでいるかを見ていくと、釣り、採貝藻、刺網に従事している人が多いが、その水揚げ金額はさほど多くないことが分

かった。すなわちこれらが「高齢者漁業」である。

　高齢者漁業では、経営体数が減っても残存経営体の生産量も漁業所得も上がっていない。そのことから、残存経営体が減少分を補うという仮説は否定された。では、高齢者漁業を今後誰が担うのか。今後、他の漁業種類でもって高齢者漁業対象種を漁獲することは考えられるが、高齢者漁業でなければ水揚げされないもの (キンメダイ、関アジ) もある。高齢者漁業は参入障壁が低く、誰でも始められるが、漁業所得が低いため、それで生計を立てようという人が参入する漁業種類ではない、という矛盾を抱えている。今後、高齢者漁家に代わる新しい担い手が確保されねばならないが、実態は逆に漁業者が急減することが予想されている。

(5) 第 5 章の概要

　「第 5 章　農業経営形態の特性に見る離農と高齢化の要因」(加藤基樹) では、農業の高齢化問題、離農の要因、および事例による実態の紹介を行っている。農業就業人口に占める 65 歳以上の割合は 61.8％ (2013 年) と漁業より高い。特に条件不利地域である山間農業地域では 7 ポイント高く、過去 10 年間で 10 ポイント上昇している。

　北海道と都府県の農業構造の違いが大きいことに着目し、この 2 つを対照させて分析する。農業従事者が離農する要因を①個人的な事情、②農業構造に起因するもの、③政策・制度的要因、に分類したうえで、①を除く 2 つの要因を掘り下げた。農業構造に関しては、農家には販売農家のほかに年間販売額が 50 万円未満の自給的農家がある。高齢であっても小規模ゆえに年間販売額 50 万円未満の自給的農家として農業を継続でき、単に高齢であるということは離農の原因とはならない。特に都府県で稲作の割合が高いことと高齢者の割合が高いことが一致している。稲作農家 (田) はほとんど機械化されているため「余暇生きがい型」として農業をやめない。但し、特に小規模経営は農業機械の更新ができるほどには利益が出ていないため、農業機械が壊れることが離農の要因になる。

　一方、都府県より大規模で農業構造の異なる北海道では、1 千万円以上の

負債を抱えた経営体が珍しくなく、借入金の返済が困難になって離農する
ケースもある。

　政策・制度的要因も複数あり、それらが離農促進や離農回避のインセンティ
ブになっている。たとえば 2007 年の品目横断的経営安定対策は、10ha 以
下層の離農を促したが 2009 年に終了した。農業者年金制度も、60 歳以
上の経営者が離農する要因になっていたが、2001 年に破たんした。一方、
2009 年から導入された農業者戸別所得補償制度は離農に対して中立的であ
る。

　北海道の大規模経営を例に実態を見てみると、A 市では 3 戸の農家が有
限会社の B 法人を設立することで大規模化のメリットを享受するとともに 3
戸すべてに後継者がいなくても農業を続けることができることになった。担
い手問題も、今後は雇用労働力で対処することができる可能性がある。法人
化にはこうしたメリットがある。

　わが国の農家の多くは自給的農家か第 2 種兼業農家であり、それらの多
くは条件不利地域に展開している。都府県に小規模な稲作の兼業農家が存続
していることが高齢化を支えている。

(6) 第 6 章の概要

　「第 6 章　高齢者就業の実態と社会保障政策の課題―漁業者の高齢化問題
を考える視座の設定―」(下田直樹) は、高齢者の継続雇用・就業が高齢社
会における最重要課題となったことを踏まえて、高齢者雇用・就業の実態と、
そのための政策的課題を明らかにしている。

　継続的に 65 歳以上人口が増大すると、消費が増加する反面、貯蓄の取崩・
減少が生じることで経済の活力が次第に失われることも危惧される。高齢者
の雇用・就業機会を拡大し、高齢者を積極的に活用していくことが不可欠で
ある。

　日本の高齢者就業率は他の先進国と比べて高く、就業意欲も高い。就業を
継続している高齢者を産業別にみると、「農業、林業」が 101 万人と最も多
く、「卸売業、小売業」(96 万人)、「製造業」(66 万人)、「サービス業」(65

万人)、「建設業」(47 万人) が続く。高齢者が就業者全体に占める割合も、「農業、林業」が 45.1 ％と最も高くなっており、これは漁業も同様である。

　総じて、現在の日本において高齢者就業で特徴的な点は、その職業構成における自営業 (農林業、卸売・小売業等) の比重の大きさである。定年制が存在する企業などの被雇用者とは違って、自営業の場合は意欲や気力、体力を自身で見極めながら、引退時期を自身で選択できるため、比較的高齢になっても引退せずに就業を継続するケースが多い。

　高齢者世帯の収入の内訳を見てみると、「公的年金・恩給」が総所得に占める割合が 80 ％になる世帯が、高齢者世帯の 7 割を占めている。高齢者世帯の平均年間所得は 307.9 万円で、全世帯平均の 56 ％である。世帯人員 1 人当たりでは、高齢者世帯の平均世帯人員が 1.56 人と全世帯平均より少ないこともあり、高齢者世帯が 197.9 万円／人、全世帯平均が 207.3 万円／人とそれほど差がないことがわかる。しかし高齢者夫婦無職世帯を取り上げると、実収入は月額 22.3 万円、可処分所得は 19.1 万円、消費は 23.7 万円で、貯蓄はマイナス 4.6 万円となり、この不足額は高齢者にとって厳しい問題である。

　雇用・就業機会の保障こそ最大の社会保障であるという視点に立てば、高齢漁業者が安心して漁業に従事できるような就業条件を整えることが課題である。

(7) 第 7 章の概要

　「第 7 章　ケーススタディ　高齢者漁業の 10 年－沿岸漁村における漁業者高齢化の実態とその諸相－」(工藤貴史) では新潟県佐渡市高千地区の磯根漁業を事例に漁業者高齢化と漁場利用制度改定問題について、和歌山県印南町地区の 1 本釣り漁業を事例に漁業者高齢化と資源利用低下問題について、北海道礼文町香深地区の刺網漁業・採藻漁業を事例に漁業者高齢化と労働力確保問題について取り上げている。いずれも観察した 10 年間に漁業生産力が低下しており、今後は漁協が中心となって 10 年後の労働力構成に見合った生産構造を構築していかねばならないと結論づけている。

<佐渡市高千地区>

　高千地区の漁業は操業内容によって採貝、刺網、採藻、釣りの4つのグループに類型化できるが、採貝と刺網はサザエの漁獲で競合していた。いずれのグループも漁業収入は低く、多種複合的な兼業によって生計をたててきた。高齢漁業者が順次引退していくなかで、生産金額も減少の一途をたどっている。こうした負の連鎖から脱するためには漁場利用制度(行使規則・規約)を改正して残存漁業者の漁業生産力を増強していくことが必要であると考えられた。

　しかし1996年と10年後の漁場利用の変化を見てみると、1996年当時は「あと10年もすれば採貝グループの相当数が引退して刺網グループの漁場利用制度改正の議論が始まるだろう」と予想されていたにも関わらず、10年後には制度改正の機運はむしろ薄れていた。漁場利用制度の抜本的な改正は高千地区では困難であると判断され、そうした困難な事例は全国的にも同様に存在すると考えられる。

<和歌山県印南町地区>

　印南町地区の漁業は操業内容から棒受網、延縄、磯根、1本釣りの4つのグループに類型化することができる。1本釣りグループには遊漁船業との兼業者と1本釣り専業者がおり、後者はほとんど70歳前後の高齢者であった。

　1993年から10年間の変化を見てみると、1本釣り漁業は漁業者数は変化していないが、平均年齢の上昇、出漁日数と水揚げ金額の減少により趣味的・副業的意味合いが強くなっている。1本釣り漁業の零細性は低位な生産性によって規定されているため、たとえ高齢化した漁業者が引退して漁業者数が減少しても残存する漁業者の資源配分が増大することによる水揚げ金額の増大には限界がある。したがって漁業生産力について抜本的に見直さない限り、現在と同様に高齢者が漁業の担い手になるしかない。

<北海道礼文町香深地区>

　香深地区の漁業は磯根、刺網、底建網の3つのグループに大別される。ホッケ刺網漁業の2003年から2011年の変化を見てみると、1経営体あたり反数の上限まで操業していない経営体が存在する。その理由は海上で2名操

業ができないこと、網外しなどの陸上作業の労働力を確保できないことによる。規模拡大に応じた労働力の増強が、女性労働力を含めて困難な状況になっている。

磯根グループについても同期間の変化を見てみると、2003年の時点で漁業者数は178名、平均年齢は69歳、2011年の時点では漁業者数は130名、平均年齢は67歳であった。引退した者は79名、その平均年齢 (2003年時) は76歳であった。2011年に70歳以上の漁業者は74名であり、10年後には引退している者が多いであろう。漁業者が減少するなかで地区全体の磯根漁業の漁業生産を維持していくためには、漁法そのものの生産効率を高めるのみならず、陸上作業を協業化するなどの生産システムの改変が必要と考えられる。

(8) 第8章の概要

「第8章　ケーススタディ　日韓台の高齢化の実態とその対策」(山下東子) は日本、韓国、台湾における担い手不足の現状と対策を比較することで日本の高齢化現象を相対化している。

日本、韓国、台湾の漁業者の年齢別構成を比較すると、65歳以上の漁業者は日本が36.4％であるのに対して、韓国は25.4％、台湾 (ただし膨湖県のみ) は8.4％と大きな違いがあり、日本の高齢化が明らかになる。ただ、韓国は60-64歳の層が37.0％ (日本は13.8％) と非常に厚く、数年のうちに日本を上回る比率で高齢化が進むことが予想される。

3か国・地域ともに若年労働者を漁業に呼び込むための魅力的な政策を用意しているが、その効果は十分表れているとは言えない。たとえば台湾では学卒後1年間漁業に従事すると相当額の報奨金を与えられるプログラムを準備したが、直近の1年間でこの恩恵に預かった若者は6名しかいない。韓国では学卒後大型旋網漁業の乗組員になると兵役を免除される政策などを準備しているが、水産高校卒業者の9％にあたる20名しか漁業には着業していない。日本では漁業就業フェアを年間6回開催し新規参入を呼びかけているが、1回のフェアでのマッチング率は数％程度である。

一方、各国ともに外国人漁業者への依存度は高い。韓国では遠洋漁業に1,000人の外国人枠があり、大型旋網や延縄漁業では外国人船員が3分の2を占めている。日本では2005年から外国人研修生制度が導入され、漁業においても1,782名の研修生が漁業と養殖業に従事している。これに対して台湾では漁業に限らず、国内の多くの産業、家庭内において外国人労働力が活用されているという社会的背景のもと、漁業においても沿岸漁業でさえも外国人労働者が活用されており、台湾人船長1名と外国人クルー5名でのイカ釣り操業というのも珍しくない。

日本、台湾、韓国の3か国・地域を、高齢化の進展度、若い担い手の確保策、外国人労働者の活用の点から比較した。それぞれの特徴を挙げると、台湾は「グローバル・ソリューション」、つまり若年層の不足に対しては徹底的な外国人労働力の活用が行われ、それは沿岸漁業にまで浸透している。韓国は「若年層の惹きつけ」を模索している。今後5年間で急激に進行する高齢化に備え、兵役免除という特典を利用した若年層の漁業への誘導を目指している。この方法を一般化するならば就職前の「インターンシップ」として漁業に従事させるという方法があるだろう。

これに対して、日本の取った方法すなわち高齢漁業者の漁業継続は「内部調達」という解決策であると位置づけられる。引退時期を延期させることにより、漁業労働力の減少を食い止めているのである。社会全体として長寿かつ勤労意欲が高い国ならではの解決策ではあろうが、この方法は韓国など他のセクターでも多くの高齢者が働いている国では適用可能と言えるだろう。

(9) 第9章の概要

「第9章　これからの漁村と漁業構造改革」(山下東子)においてはまとめとして、これからの漁村のあるべき姿を展望することを目的とし、漁業構造改革が急務であると述べる。そのうえで、「浜の会社」を設立することで高齢者にも相応の就業機会と所得を提供しつつ各年齢層の漁業者が適切な役割分担をしながら沿岸漁業を存続させていけるのではないかと提言し、本書を締めくくっている。

「生涯現役社会」をより確実に実現していくためには漁業就業を希望する高齢者が産業内に留まれるための対応策とともに、若年の労働者が漁業に参入しやすい体制を整える必要がある。その対策は漁協が担うべきものであろうが、高齢者も未熟練の若者も参加できる雇用の場を地域に根付いた法人が担うという方法もあることが本書の論考の中で明らかになった。これを仮に「浜の会社」と名付けるならば、浜の会社が自営漁業廃業後も就労継続を希望する高齢漁業者を陸上作業・軽作業に雇い入れるとともに若者やインターンシップの受け入れ、女性労働力の活用を行い、場合によっては外国人労働者の雇用も視野に入れて漁業労働力の確保と業務の分担を図る中心的存在になっていくことが望まれる。

[1] FAO Fishstat Plus による。
[2] 漁業収入は農林水産省『漁業経営調査』、勤労者所得は総務省『家計調査』による。

第1章　高齢漁業者の就業継続とその社会的利益・社会的費用

山下　東子

1. はじめに

2002 年 3 月閣議決定された水産基本計画では、10 年後である 2012 年の沿岸漁業者数が 10.7 万人になるとの趨勢値を発表している。当時、推計のもとに置いた 2000 年の実績値は 22.1 万人であったから、2012 年の沿岸漁業者はその 48％、つまり半数以下となるという予測であった。その年齢別内訳として 65 歳以上の漁業者 (以下、高齢漁業者と呼ぶ) 数を 3 万人、沿岸漁業者に占める高齢漁業者の比率は 28.0％と置いていた。果たして 2012 年の沿岸漁業者数は 14.4 万人と当時の予測を 3.7 万人も上回り、うち高齢漁業者数は 5.2 万人、沿岸漁業者に占める比率は 36.4％ となった[1]。

もちろんこの間の水産施策が奏功したという見方もあろうが、水産施策を講じることで留まる減少幅は元々 8 千人と見積もられていたに過ぎない。一方で実際に食い止められた減少幅は 3.7 万人であり、そのうち 6 割は高齢漁業者が引退しなかったことが寄与している。高齢漁業者は国が予想したほどには漁業を引退していないのである。

このような実態をふまえると、高齢漁業者はなぜ就業を継続するのか、そしてそれは社会的に見て望ましいことなのかという疑問が浮かび上がる。そこで本稿では高齢漁業者の漁業継続理由について議論するとともに、高齢漁業者が漁業を継続することによる社会的利益と社会的費用を試算する。というのは、漁業者が不本意ながらやむを得ず就業を継続し、しかもその社会的費用が社会的利益を上回るのであれば、何らかの引退促進策を採ってでも引退を促すべきという政策提言が導かれうるからである。しかしながら高齢漁業者の多くは自らの意思に基づいて漁業を継続しているようであり、高齢漁業者が漁業を継続する社会的利益は同費用を上回るという試算結果が得られ

た。そこで高齢漁業者に対して特に引退促進策を用意せず、継続を望む漁業者が漁業を継続することが社会全体としてプラスであるということが、本稿における結論である。

東日本大震災は漁業者の就労意欲・就労環境に正負の影響を及ぼしたが、その分析については他稿に譲ることとし、本稿では主に 2010 年までの状況を前提として分析を進めることとする。以下ではまず 2. において、一般の被雇用者と比較することにより、漁業就業者の就業パターンの特徴を明らかにする。次いで 3. において農林水産省『漁業経営調査』から高齢漁業者の漁業者像を捉え、4. においては高齢者の漁業継続理由について議論し、農林水産省『漁業センサス』から高齢漁業者の平均的な漁業者像を浮き彫りにする。5. では高齢漁業者が漁業を継続することがどのような社会的利益、社会的費用を発生させているかを試算し、6. で結論を述べる。

2. 一般就業者と比較した高齢漁業就業者の特徴

まず、漁業者を一般の被雇用者と比較して就業状況の特徴を明らかにしていこう。それは定年の不在、早期引退の存在とその減少、コーホート別就業人口の格差にある。農林水産省『漁業センサス (2008)』によると 65 歳以上の漁業就業者数は日本の漁業就業者 221,908 人の 34.2％を占め、高齢就業者の内訳は沿岸漁業自営が 29％、沿岸漁業雇われが 3％、沖合漁業雇われが 1％である。男女別では男子漁業就業者が 187,820 人で 65 歳以上の比率は 33.7％、女子漁業就業者は 34,088 人で 65 歳以上の比率は 36.9％を占める。このことから高齢漁業就業者の太宗は沿岸漁業自営の男子就業者が占めているということができる。

被雇用者が中心の一般の就業者と比べた自営中心の漁業就業者の就業継続上の第 1 の特徴は定年の不在である。そこで農林漁業を除く就業者の年齢別の長期傾向がわかる総務省『労働力調査』のデータと、漁業者については農林水産省『漁業センサス』のデータを用いて、就業者と漁業者の男子・年齢別・コーホート別の推移を対比してみよう。就業者 (非農林業)(図

第 1 章　高齢漁業者の就業継続とその社会的利益・社会的費用　21

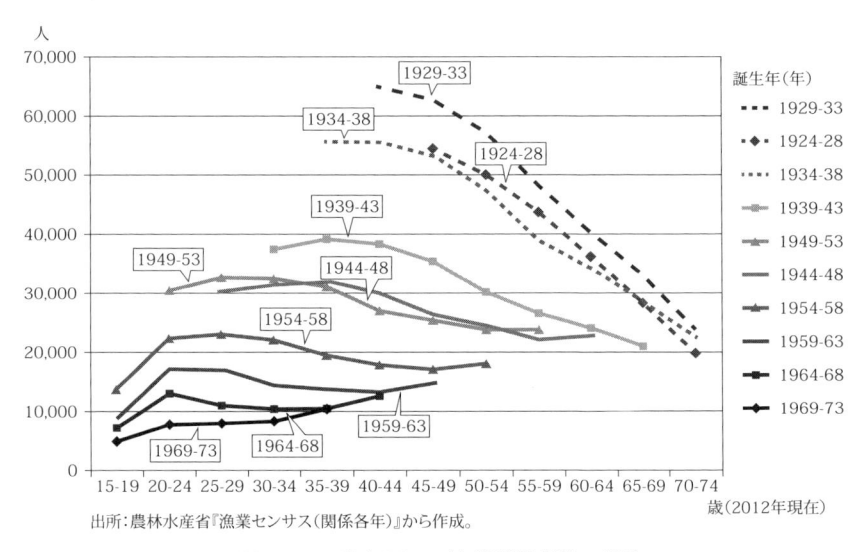

出所：農林水産省『漁業センサス（関係各年）』から作成。

図1-1(a)　生年別男子漁業就業者数の推移

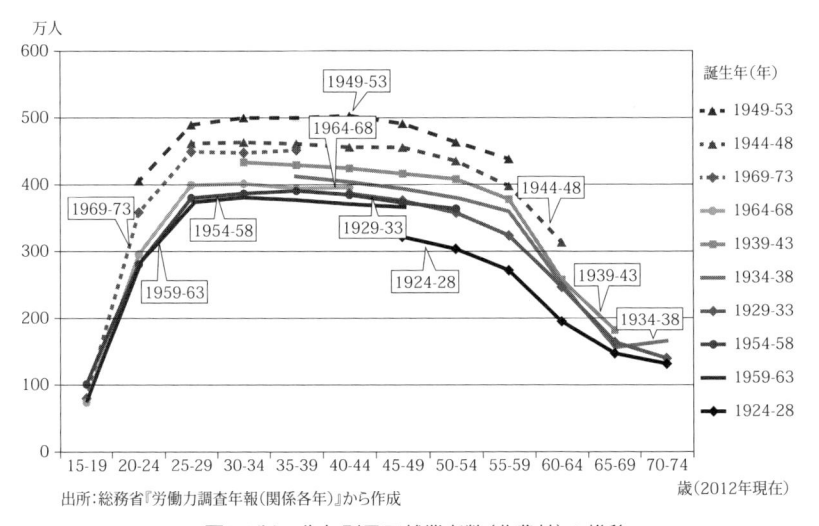

出所：総務省『労働力調査年報（関係各年）』から作成

図1-1(b)　生年別男子就業者数（非農林）の推移

1-1(b)) はどのコーホートにおいても 60 歳以降で雇用者数が急減するという共通のパターンがある。一方漁業者の場合 (図 1-1(a))、1939-43 年生まれ以降の世代では緩やかな減少はあるものの、一定の年齢を境に就業者が急減する現象は見られない。

ところで 1934-38 年生まれまでのコーホートは 40 代後半から漁業就業者数が急減している。これが第 2 の特徴である。早期引退が生じた要因として、沿岸漁業における後継者との交代、遠洋漁業からの撤退に伴う雇われ漁業者の解雇、当時の漁業者年金の支給開始年齢の早さ、他業種への転職などが上げられる[2]。これについての更なる分析は別の稿に譲ることとし、ここではこうした事情での引退が 1939-43 年以降の世代では見られなくなっていることを確認するに留める。早期引退の存在とその減少も、就業者 (非農林業) には見られない特徴である。なお、1934-38 年生まれ以前の世代ではもともと漁業者人口が各世代 6 万人前後と多かったため、急減後もなお漁業を継続する人が一定の高齢漁業者人口を形成している。

第 3 の特徴はコーホート別就業人口の格差である。1954-58 年生まれ以降の世代ではピークの段階でさえ漁業就業者の絶対数自体が 1-2 万人と、前の世代の 3-4 万人、その前の世代の 6 万人と比べて人数が少ない。これは団塊の世代以前の世代とそれ以降の人口の差に加え、職業として漁業を選択する人が減少したことの結果である。というのは、就業者 (非農林業) の場合は、第 2 次ベビーブーマー世代 (1969-73 年) が団塊の世代 (1944-1948 年) やその次の世代 (1949-1953 年) のピーク時の雇用者数 450-500 万人に迫っており、世代別の人数の違いは背後にある人口を反映しているに過ぎないからである。漁業の場合、1954 年生まれ以降は生年コーホートが若くなるほど漁業者数に顕著な減少が見られる。その結果、絶対数で漁業就業者が減少するなかで、相対的に高齢の漁業就業者の割合が上昇した[3]。

3. 高齢者の漁業者像―漁業経営調査から

本節では、本書で議論する高齢漁業者像について共通認識を持つことを目

第1章　高齢漁業者の就業継続とその社会的利益・社会的費用　23

的として、漁業者の年齢と漁業生産物収入の関係、高齢漁業者の漁労活動の青壮年者層との違いについて、農林水産省『漁業経営調査』のデータを基に分析する[4]。本章および本書の大部分が農林水産省『漁業センサス』に基づいた分析であることとはデータソースが異なるため、本章のなかの独立した節として分析を完結させる。また調査対象期間が2001-2005年とやや古いこともお断りしておく。ただし個票ベースの分析であるため、詳細な分析が可能となっている。分析の結果、漁船漁業においては50歳以上の漁業者が太宗を占めており、50歳代の後継者は多いが、より若齢の後継者は少ないこと、50歳をピークとして年齢が上がるにつれ漁業生産物収入は減少することが明らかになった。また加齢に伴い生産物収入が減少するのは漁業者自らが労働をセーブしているため(自律的要因)なのか、それ以外の要因(他律的要因)があるのかにも着目した。海上での労働日数・労働時間が減少しているだけでなく、単位時間当たりの漁獲量も低下していることがわかった。

(1) 分析対象者の概況

　本節で分析対象とするのは、農林水産省『漁業経営調査(H13-17年、以後西暦で表記)』のうち、個人経営体調査(漁船漁業)の標本、各年約600標本の個票である。標本の母集団経営体数は各年約7万経営体あり、標本は漁労収入の標準誤差率5.0%を目標精度として全国から各経営体層に最適配分して選定されている。そこで本節の分析結果は調査当時の漁船漁業経営体の平均的な漁業者像を示していると捉えることができるであろう。

　2005年の標本数617(世帯)の概況を表1-1に示す。世帯員数3.6人は日本の全国平均値2.55人(総務省『国勢調査(2005)』、一般世帯)より多い。

表1-1　漁業経営調査概況(平均値)

世帯員数(うち漁業従事者) (人)	漁業生産物収入 (万円)	年金収入 (万円)
3.6(1.3)	754	88

出所:農林水産省『漁業経営調査(2005)』より作成。

24

年金収入は平均値では同表に示すように 88 万円であるが、何らかの年金収入を得ている 441 世帯 (全体の 71%に相当) の平均値を取ると 123 万円となる。

　世帯主の年齢構成から、高齢者層の厚い漁船漁業経営体の姿が浮き彫りになる。図 1-2 に示したように、世帯主の平均年齢が 63.0 歳、60 歳以上の高齢漁業者が全体の約 60%を占める。世帯主が 50 歳未満である経営体は 13%に過ぎない。この要因として、単に青壮年層の漁業者の絶対数が少ないこと、2 世代同居世帯では年長者が世帯主になることだけでなく、80 歳代の世帯主がいる世帯の 66%に 50 歳代の後継者がいる一方、50 歳代の世帯主がいる世帯の 30%にしか後継者 (10-30 歳代) がいないという、段階的な後継者不足のためでもある。後継者のいない世帯は 392 世帯と全体の約 64%を占める。

　また 2001 年から 2005 年の世帯主の年齢層別の漁業生産物収入の推移を

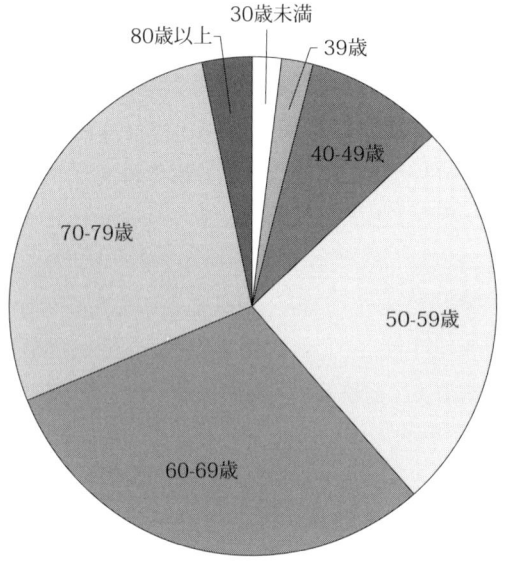

出所：農林水産省『漁業経営調査(2005)』個票データより作成。

図1-2　世帯主の年齢構成(2005年)

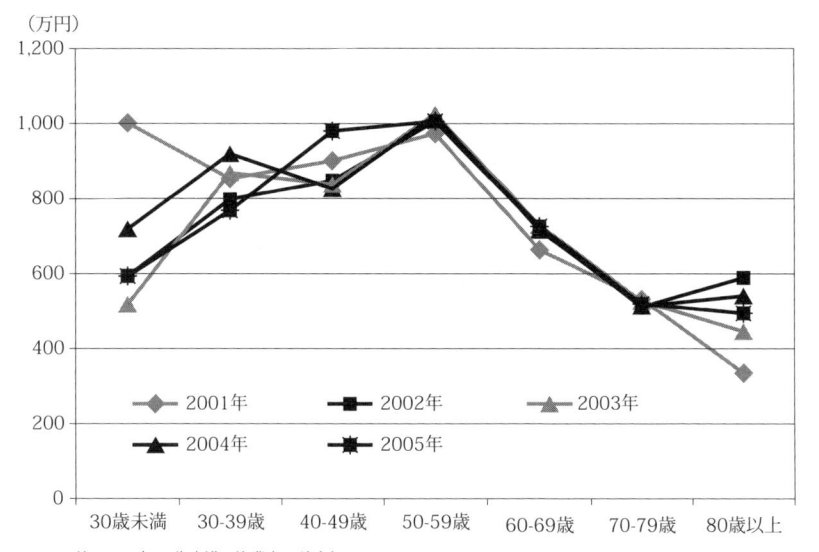

注：2002年30歳未満の漁業者は該当無。
出所：農林水産省『漁業経営調査(関係各年)』個票データより作成。

図1-3 年齢層別漁業生産収入のトレンド

図 1-3 に示す。漁業生産物収入は、年ごとにばらつきはあるものの、世帯主層の厚い 50-70 歳の収入は安定的である。このことからばらつきの一因は各年の標本の性質の違いにあるとも推測される。同図より、50 歳代の約1,000 万円がピークとなり、その後高齢化するに従い下降する傾向が読み取れる [5]。また全体の 60％を占める 60 歳以上の高齢漁業者の漁業生産物収入は 700 万円以下という構成になっている。

(2) 後継者の有無と漁業生産物収入

　漁業従事者を後継者の有無で分け、その年齢と平均漁業生産物収入をプロットしたのが図 1-4 である。世帯主が 50 歳以上を分析の対象とすると [6]、後継者無つまり世帯主単独で漁業を行う場合、その平均漁業生産物収入は高齢化とともに減少する。若年期における漁業生産収入には個人差があっても、年齢が進むにつれそのばらつきは縮小し、70 歳以上の高齢漁業者の平均漁業生産物収入は 500 万円以下に収束していく。

26

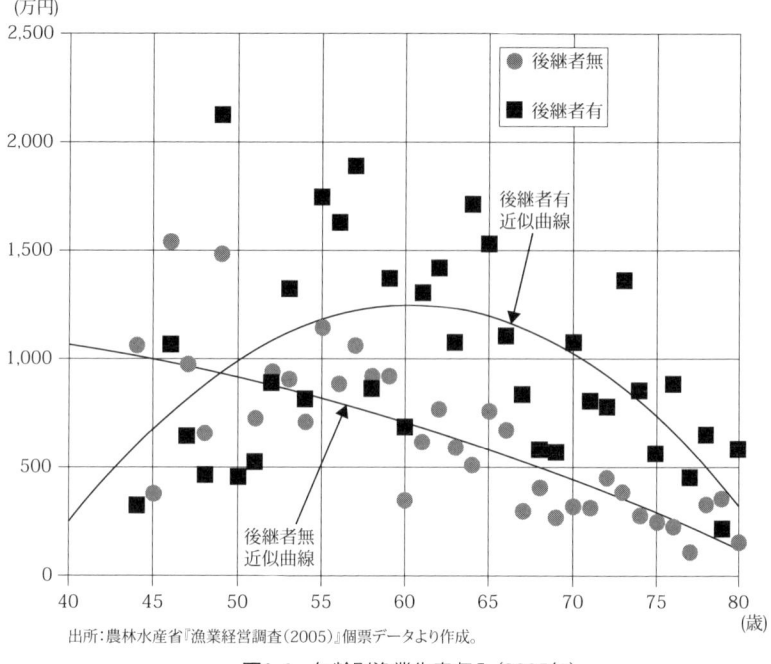

図1-4　年齢別漁業生産収入（2005年）

出所:農林水産省『漁業経営調査（2005）』個票データより作成。

　一方後継者がいる場合、世帯主が60-65歳、後継者が35歳前後の時に世帯の漁業生産物収入がピークを迎え、以降減少する。そこで後継者の有無による平均漁業生産物収入の差を後継者の存在による漁業生産物収入の追加分と考え、後継者の年齢と推定漁業収入の相関をとると図1-5となる。後継者が10歳代の育成期はほぼマイナスであり、後継者の年齢とともに収入は上がっていき、30歳代後半-40歳代前半にピークを迎え、その後ゆるやかに低下する。

　後継者の存在は、後継者が20歳代後半から50歳代の間、世帯の漁業生産物収入を最大で500万円程度増加させる。本分析では漁業支出についてのデータを取得しなかったため推定に過ぎないが、仮に親子操業による漁業支出が世帯主単独操業による支出を大幅に上回らないならば、漁業後継者のいる世帯の漁労所得率は単独操業世帯に比べて高いであろう。

第 1 章　高齢漁業者の就業継続とその社会的利益・社会的費用　27

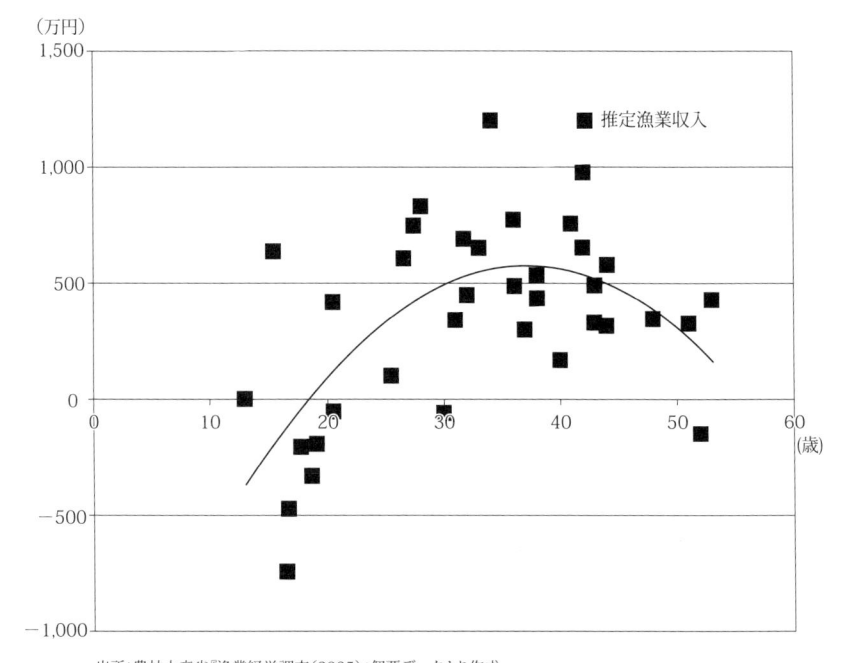

出所：農林水産省『漁業経営調査（2005）』個票データより作成。

図1-5　後継者年齢と推定漁業収入（2005年）

(3) 労働時間と漁獲種類

　前項では、世帯主の年齢が高くなるにつれ、漁業生産物収入が低下することを確認した。その原因が、加齢に伴う漁獲能力の低下といった本人のコントロールできない要因によるものなのか (他律的要因)、労働強度を自主的に低下させた結果としての収入の低下であるのか (自律的要因) を探るため、本項では労働時間や漁業種類と年齢の関係について見ていくこととする。

　漁業者の出漁日数と年齢の関係を図 1-6 に示す。40-50 歳代で年間約 160 日出漁しているが、年齢が上がるにつれ減少し 70 歳代で約 120 日とピーク時の 4 分の 3 程度となる。後継者がいる場合は各年代とも約 20 日程度多く出漁している。これは複数名が乗船していれば多少の悪天候であっても操業ができるためではないかと推察される[7]。

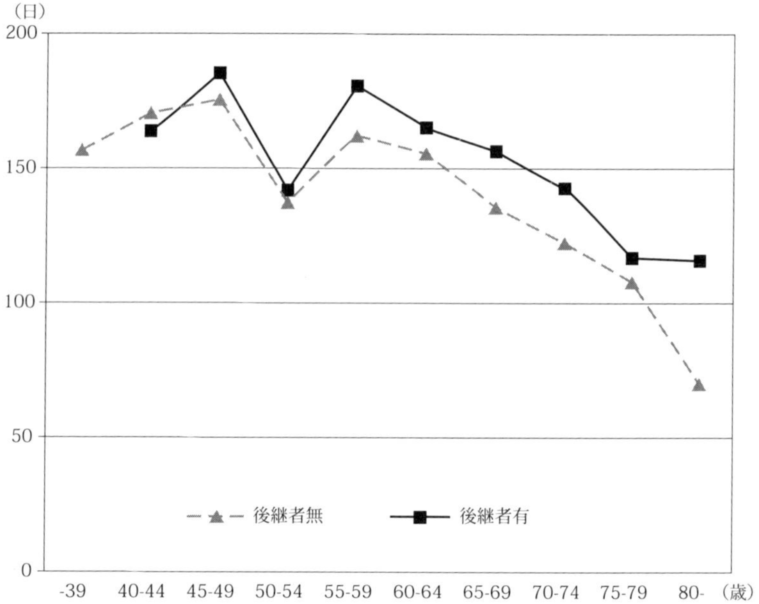

28

（日）

注：後継者無の40歳未満は該当無。
出所：農林水産省『漁業経営調査（2005）』個票データより作成。

図1-6　後継者有無別年齢別年間出漁日数（2005年）

　次に漁業者（後継者無）の労働時間を年齢別に見ていこう。図 1-7 に示す
ように、海上での労働時間は 40-50 歳代での約 1,400 時間をピークに高齢
になるほど少なくなり 70 歳代では約 700 時間となる。このことは図 1-6
に示した出漁日数のトレンドと一致する。さらに 1 出漁日あたりの出漁時
間も加齢とともに低下する。単純計算で 40-50 歳代は 1 出漁あたり 8.8 時
間だったものが 70 歳代では 5.8 時間となり、漁業者が高齢化するにつれ出
漁回数、時間ともに減少する。このことから、加齢とともにより近くの漁場
で操業するか、漁場が変わらないならば自律的に操業時間を短縮させている
と推察される。

　なお、29 歳以下および 80 歳以上を除くとほぼどの年齢区分でも年間
300-400 時間を陸上での労働に費やしており、陸上労働時間は海上での労
働時間の長短とは相関していない。漁業者が加齢とともに労働時間を短縮す

第1章　高齢漁業者の就業継続とその社会的利益・社会的費用　29

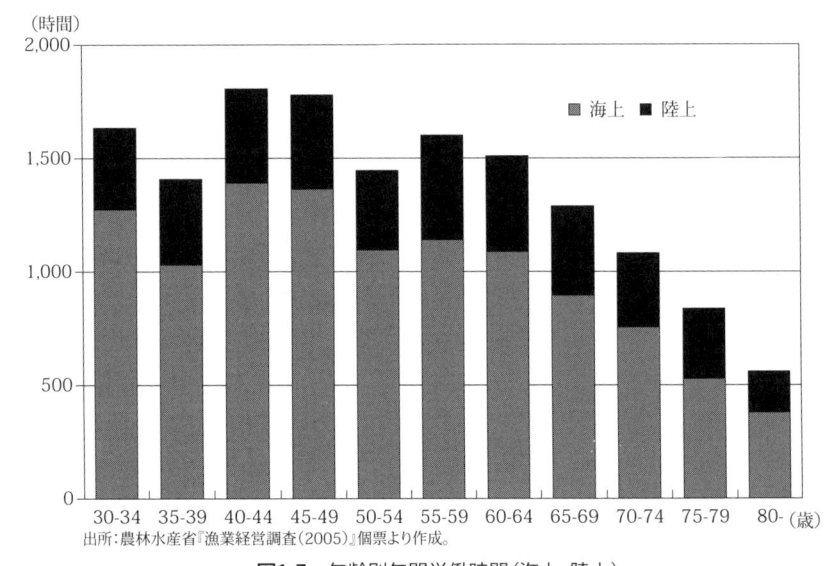

出所：農林水産省『漁業経営調査(2005)』個票より作成。

図1-7　年齢別年間労働時間(海上、陸上)

ることを望むならば、陸上労働時間を減らせないことを前提として、自律的に海上労働時間を減少させていると推察される。

　さらに後継者無つまり世帯主単独で漁業を行う場合の漁獲量を漁業種類別に見てみると、50歳代の平均漁獲量が22tであるのに対し70歳代は5tと約4分の1程度になっている。労働時間は前述のように2分の1程度である。漁業者は自ら生産効率を引き下げようと努力するとは考えにくいことから、加齢に伴い漁業者の生産効率は低下していく(他律的要因)ことが観察される。

　本節では漁船漁業漁家の年齢別、後継者の有無別の漁業生産物収入、労働時間、漁獲量を一覧することにより、高齢漁業者像を明らかにしようと試みた。その結果、高齢漁業者の層が厚いこと、若年層になるほど後継者割合が減少すること、加齢に伴い漁業生産物収入は減少することが明らかになった。また生産物収入減少の要因を見てみると、海上での労働日数・労働時間の減少という、自律的要因による収入低下のみならず、単位時間当たりの漁獲量

の低下という加齢に伴う生産効率の低下 (他律的要因) にも起因しているで
あろうことが明らかになった。

4. 高齢者の漁業継続理由

(1) 日本人の労働力人口比率と就労意欲

　高齢漁業者はなぜ漁業を継続するのだろうか。ここでは再び一般の雇用者
の就労状況と勤労意欲に関するデータを用いつつ、高齢漁業者が漁業を継続
する理由を考察する。

　日本人の場合、高齢になってもなお働き続けている人の割合が高いこと
は国際比較から明らかになる。OECD（2012）は 65-69 歳の男女につい
て、人口に占める被雇用者の割合を国際比較している。それによると日本
人は OECD 加盟 34 か国中アイスランド、韓国、メキシコ、ニュージーラン
ドに次ぐ 5 位の高さで、36.1 ％が雇用されている。男性の実効退職年齢も
メキシコ（71.5 歳）、韓国（71.4 歳）に次ぐ 3 位 (69.3 歳) の高さである。
65 歳以上の人々の 3 分の 1 以上は何らかの職を得て働き続けているのであ
る [8]。なお、日本国内のデータで年齢別の内訳を見てみると、労働力人口比
率は 65-69 歳男性で 49.0 ％、同年代女性で 28.3 ％、70 歳以上でも男性は
20.2 ％ (総務省『労働力調査 (2012)』) であり、OECD データよりさらにそ
の割合は高い。このことから高齢者が働く割合が高いことは日本人の一般的
傾向であることが確認できる。

　もっとも労働力人口比率が高いのは高齢者自身が働きたいからとは限らな
い。社会保障が充実していないなどの理由からやむを得ず働き続ける場合
もある。しかし内閣府 (2010) が 60 歳以上の男女 (施設入所者を除く) に対
して行った調査によると、日本の 60 歳以上の人々の生活の主な収入源は年
金 (66.3 ％) と仕事 (24.3 ％) で、55.5 ％の人が「日々の暮らしに困っていな
い」と答えている。仕事をしている人は 38.3 ％で、その人々の 87.3 ％が「今
後も働き続けたい」と答えており、その理由は収入のため (43.8 ％)、健康・

老化防止のため (25.8%)、仕事が面白いから (20.7%) である。

　一方、同調査の調査時点で働いていない人の 85.9% は今後も仕事をしたいとは思っていず、その理由として 54.2% が「健康上の理由で働けないから」と答えている。つまり、いま働いている人はそれほど生活に困っていないが健康で就労意欲があり、収入のためだけではなく、健康維持のために今後も働き続けたいと願っているのである[9]。

(2) 漁業者の「引退」動機

　就業実態と就労意欲についての一般的傾向は、自営が中心の漁業者の場合には一層強まるであろう。というのは、清家・山田 (2004) は定年退職を経験することが就業確率を 18% 低下させるとの研究結果を発表しているからである。この結果を逆説的に捉えれば、自営漁業者は定年がないからこそ定年のあるサラリーマンよりも高齢での就業確率が高まると言えるだろう。また、同研究からは、厚生年金受給資格のあることが就業確率を 15% 低下させているとの結果も明らかになっている。自営漁業者には厚生年金部分がなく、国民年金のみを受給するため、このことも自営漁業者の就業確率を上昇させる方向に作用する[10]。

　ここで年金支給額について確認しておくと、2013 年現在、20 歳から 60 歳までの 40 年間の全期間国民年金保険料を納めた者に対して、65 歳から満額の老齢基礎年金が支給される。その金額は年額 786,500 円 (月額 65,542 円) である[11]。これは自営業者、無業者に対する年金給付金額である。しかし年金未納期間がある人はその分支給額が減額されるため、実際の平均年金支給額は年額 654,348 円 (月額 54,529 円) となっている[12]。大谷 (本書第 3 章) は、漁業者の場合も未加入である者や満額支給を得られない者が存在すると述べている。企業に勤めるサラリーマンの場合は厚生年金による上乗せがあり、国民年金部分と合わせると、業種や収入によって異なるが、平均では年額 1,800,408 円 (月額 150,034 円) が支給される[13]。厚生年金と国民年金の間には年間支給額ベースで 114.6 万円の差があり、これが高齢漁業者の就業確率を上昇させる一因となっている。

さて、直接的に高齢漁業者の漁業「継続」理由についての考察を行った
先行研究は見当たらないが、加瀬 (2010) は「引退」動機を次の4点に集約
している。第1は体力が弱って特定の仕事をこなせなくなったときである。
養殖施設の錨を持ち上げられなくなった時が具体例として上げられている。
第2は2人操業の一方が離脱した場合である。第3は機関の更新ができな
いときで、具体例として高齢を理由に制度資金の借り入れを断られて、引退
の必要性を自覚することがあげられている。第4は引退時慰労金・退職金
を支給する漁協の方針転換である。慰労金を減額するとか、漁協が経営建て
直しのため増資をするとなると、駆け込み的に引退・漁協脱退をするのである。

　加瀬 (2010) はまた、「死ぬまで無理のない漁業をしていたい」という希
望が多いとしながらも、70歳以前に死亡ないし病気によって引退する者が
相当に多く、沿岸漁業者の海上作業からの引退時期は70歳前後の者が多い
としている。

　高齢漁業者が加齢とともに体力に応じた漁業種類に転向していくことがで
きるのか否かは居住している漁業地域の環境によって異なるだろう。もし体
力に応じた作業や陸上作業への転向をすることが可能であるならば、加瀬の
掲げた第1と第2の引退動機は消滅することとなる[14]。第4は漁業者の引
退を企図した策ではないであろうが、そうした方策を立てることが漁業者の
引退を促すであろうことは労働者一般を対象とした清家・山田 (2004) の研
究からも推察できる。

(3) 漁業継続理由についての考察

　前項までの議論をふまえて、ここでは高齢になっても漁業を辞めない理由
を「継続したいから」と「継続しなければならないから」に二分し、若干の
考察を加える。

　第1の「継続したい」とは、漁業が代替的な他の方法での老後の過ごし
方より多くの効用をもたらすことと言い変えることもできる。通常、労働は
負の効用をもたらすものと考えられているが、漁業はそれ自体が正の効用を
もたらすか、あるいは漁業労働のもたらす負の効用が漁業を通じて稼得する

収入を自由に使えることから得られる正の効用を下回るなら、漁業をしないことよりもより多くの効用を得られるという意味である[15]。漁業の場合、漁業をすることで失うもの、すなわち機会費用が非常に小さいと言うこともできる。これに対して、漁業を辞めることで失うもの、すなわち機会損失は存在する。

既述のとおり、労働者一般を対象とした内閣府(2010)の調査でも、「仕事が面白いから」という理由で今後も働き続けたいとする人が20.7％存在する。漁業者の場合も、いつまでも働き続けたいという意向を持っているこ

表1-2　大分県の青壮年優良漁業者の漁業引退動機(2011年9月)

現年齢	職種	引退年齢	理由1	理由2以降
41	小型底引き	70	体が動かなくなったら	
43	小型底引き		体が動かなくなったら	
47	刺網	70	体が動かなくなったら	
47	漁船漁業		体が動かなくなったら	漁具が壊れたら/魚がいなくなったら
48	小型底引き	70	体が動かなくなったら	
48	刺網	65	体が動かなくなったら	後継者が独立したら
48	一本釣り	60	水産関係の仕事があまり好きではない	
48	小型底引き		(回答なし)	
49	一本釣り	生涯	体が動かなくなったら	
52	底引き		体が動かなくなったら	
54	潜水	75	体が動かなくなったら	
56	潜水	75	体が動かなくなったら	
57	貝養殖	65	やりがいのない海になりつつある	
62	まき網	100	体が動かなくなったら	
62		70	後継者が独立したら	
62	まき網		体が動かなくなったら	
63	小型底引き		息子が漁業をしている	
66	まき網	60位	(回答なし)	
66	水産加工		体が動かなくなったら	

注1：本アンケート調査は2011年9月、大分県にて優良漁業者としてセミナーに参加していた漁業者に対して筆者が面談のうえ実施。質問「あなたはいつ引退しますか」に対して事前に用意していた選択肢は①体が動かなくなったら、②漁具が壊れたら、③孫の世話をすることになったら、④後継者が自立したら、⑤老後の資金が十分溜まったら、⑥魚がいなくなったら、⑦他の仕事が見つかったら、⑧その他、であった。
注2：アンケート回答者のうち女性は1名。
出所：ヒヤリング調査結果より筆者作成。

とを小規模なアンケート調査結果が物語っている。表 1-2 は、大分県の高齢者になってはいない優良漁業者 19 名に対面の上アンケート調査を行った結果である。「このようなときに漁業を辞める」という選択肢をあらかじめ 8 つ用意して問うた。その選択肢とは①体が動かなくなったら、②漁具が壊れたら、③孫の世話をすることになったら、④後継者が自立したら、⑤老後の資金が十分貯まったら、⑥魚がいなくなったら、⑦他の仕事が見つかったら、⑧その他、であった。表に示したように、圧倒的多数が「体が動かなくなったら辞める」と答えた。

　これは前項で紹介した加瀬 (2010) の「死ぬまで漁業をしていたい」と共通の意向である。この調査対象者は優良漁業者であるため漁業に対して積極的であるから、いつまでも働きたいという気持ちは自然なものであるが、一方で優良漁業者であるゆえに年金を納付し貯蓄もしていると想像される。したがって経済的な理由によって体が動かなくなるまで漁業を続けなければならないというよりは、漁業を続けたいのである。

　漁業を引退することの機会損失として、たとえば漁業協同組合の組合員資格を喪失することが上げられる。磯根漁業を行うための漁業権や各種の漁業許可もいったん放棄すると再取得するのは難しいであろう。漁村に暮らしながら漁業コミュニティから逸脱することの社会的な隔離も損失であろう。さらに自営漁業者の場合、漁船・漁具などの投下資本がいわゆるサンクコスト (埋没費用) であって、他に転用したり換金したりすることができないことも損失として上げられる。これは加瀬 (2010) が第 3 の引退動機として、機関の更新ができないときを上げたことと同義である。筆者によるヒヤリングにおいても、機械設備が故障して修理費用が年間所得を上回るほどの高額になれば、そのときに廃業すると答えた人が少なからずいた。というのも高齢になってから負債を抱えると、ほんとうに体が動かなくなって漁業を廃業せざるを得ないときに、負債を差し引いた漁業所得がマイナスになってしまう可能性が高まるからである。つまり、高齢漁業者には機械が壊れるまでは漁業を続け、壊れたら新規投資をしないことで、機会損失を縮小しようという意図があると考えられる。

第1章　高齢漁業者の就業継続とその社会的利益・社会的費用　35

　第2の「継続しなければならない」とは、生活を支えるために働かねば
ならないケースである。年金額が十分でなかったり、扶養家族がいるなどの
理由で、本当は引退したいのに所得を得るために漁業を継続しなければなら
ないケースはあるだろう [16]。しかしたとえば70歳を超えて、漁業を引退し
たいが引退すると生活が困窮するという場合、親族等の助けを頼み、それも
適わない場合に生活保護等の公的扶助を求めて拒否されるとは考えにくい。
他者の援助に頼るよりも漁業を継続することで自助により収入を得る道を選
択する人が漁業を継続すると捉えることができる。自助できないことの不効
用と、止むを得ずの漁業継続による不効用を比較した結果、後者の方が小さ
いと判断した人が漁業を継続していると捉えることができるのではないだろ
うか。

　以上のことから、就業中の高齢漁業者は、漁業継続意欲に程度の差はあっ
ても漁業活動から得られる効用が代替的な活動から得られる効用を上回る限
り漁業を継続すると結論付けることができる。

(4) 高齢漁業者の漁業日数と漁業所得

　ここでは高齢漁業者がどの程度の労働日数によってどの程度の漁業所得を
得ているのかを、統計資料とそれに基づく推計から明らかにしていく [17]。

　漁獲物の販売金額は年齢が高くなるほど少なくなることが農林水産省『漁
業センサス (2008)』から明らかになっている。漁業専業者で海上作業に従
事した世帯員のいる漁家は 52,955 経営体である。その漁獲物販売金額を
基幹従事者の年齢別に示したのが図 1-8 である。この図から、販売金額が
500 万円未満の3つの階層では半数以上を 65 歳以上の漁業者が占めている
ことがわかる。

　表 1-3 は経営者年齢別の年間漁業所得と漁業日数を積算したものである [18]。
同表に見るように、年齢が高くなるほど平均漁獲物販売金額と漁業活動日数
は低下している。経費率が一定との仮定を置いたため、漁業所得は比例的に
低下している。この試算が示す平均的な高齢漁業者像とは、65-69 歳の間は
週に 3-4 日漁業に就労し 153 万円程度の所得を得、高齢になるにしたがっ

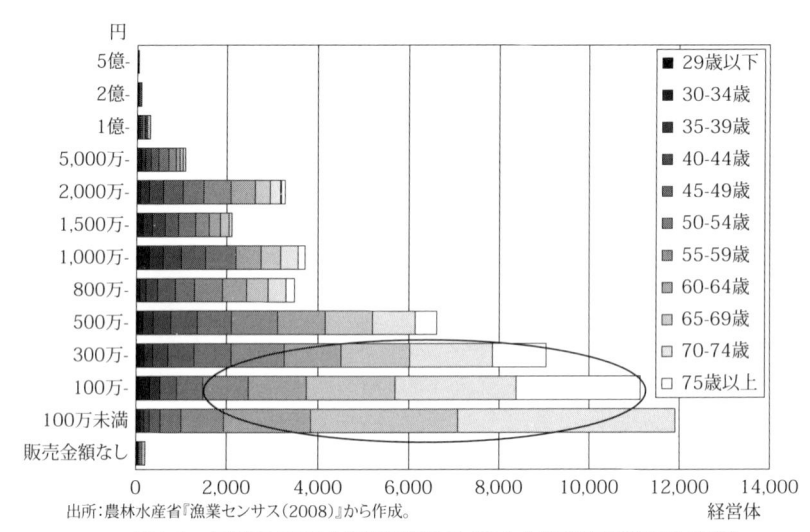

出所：農林水産省『漁業センサス（2008）』から作成。

図1-8　年齢別・販売金額別経営体数（海上作業従事世帯あり・専業）

表1-3　漁業収入、漁業日数と推計漁業所得（2010年）

経営者の 年齢	漁業収入 （万円）	推計漁業所得 （万円）	年間漁業日数 （日）
29歳以下	1,315	347	208
30-34歳	1,621	428	206
35-39歳	1,383	365	204
40-44歳	1,448	382	202
45-49歳	1,314	347	193
50-55歳	1,189	314	186
55-59歳	1,094	289	180
60-65歳	758	200	166
65-69歳	579	153	170
70-74歳	386	102	n.a.
75歳以上	238	63	n.a.

注 ：漁業収入は沿岸漁家。漁業所得は漁業収入と平均漁業所得率から算出。65才
　　以下の年間漁業日数は後継者該当漁業従事者数の加重平均値
出所：漁業収入は農林水産省『漁業経営調査（2010）』、年間漁業日数は農林水産
　　省『漁業センサス（2003）』より作成。

第1章　高齢漁業者の就業継続とその社会的利益・社会的費用　37

て就業日数を減らし、漁労所得も 70-75 歳で 102 万円、75 歳以上で 62 万円と徐々に低下する[19]。

　前述のように厚生年金受給者の年金額と国民年金受給者の老齢基礎年金額の間には 114.6 万円の開きがある。高齢漁業者は 65 歳以降も 10 年程度は漁業を継続することによって丁度このギャップを埋めるほどの所得を得ていることになる。

5.　高齢者就業の社会的利益・社会的費用

　これまでの議論から、高齢漁業者は程度の差こそあれ就業意欲を持って漁業を継続しているという姿が浮き彫りになってきた。高齢漁業者にとって漁業を継続することは収入と余暇代替の効用の両方がもたらされ、個人的なレベルでは概ね正の効用を得ているといって差し支えないであろう。

　そこで本節では、高齢漁業者が漁業を継続することで得られる利益や費用について試算する。その場合、高齢漁業者自身が得る私的利益や私的費用は考慮せず、社会的利益や社会的費用を試算する。その前提として、年金支給開始年齢に達した 65 歳を自営業者を含めた漁業者の定年年齢に定め、それ以降は本人の意思に関わらず漁業を継続できない場合を代替的な状態として想定する。その状態と、現状すなわち特段の漁業継続促進策も引退促進策も採られないまま自らの意思で漁業を継続している状態を比較する。また、社会的利益と費用は年間の金額で計上し、比較時点は 2010 年とする[20]。結果は表 1-4 にまとめた。

表1-4　高齢漁業者の漁業継続による社会的利益・社会的費用

社会的利益	億円	社会的費用	億円
代替的な生活費	67.78	漁業インフラの維持費	286.67
代替的な余暇・健康維持費用	452.13	若い漁業者の所得の遺失分	280.04
海洋の監視費用	685.78	漁業構造遅延コスト	299.71
計	1205.69	計	866.42

出所：筆者試算により作成。

(1) 高齢漁業者が漁業を継続することの社会的利益

　高齢者が漁業を継続することの社会的利益を代替法によって積算する。利益の積算に当たっては、もし高齢漁業者が働いていなければ負担しなければならなかった社会的機会費用をもって充てる。それらの候補として、ここでは代替的な生活費、余暇・健康維持費用、海洋監視費用の3点を採用する。

　第1は代替的な生活費である。もし彼らが漁業をしていなければ、漁村の高齢者は年金収入と貯蓄により生計を維持することになるだろう。それでも不足する場合には親族の援助を頼み、最終的には公的扶助すなわち生活保護を申請して受給する。既述の通り、老齢基礎年金の平均的な支給額は満額より低い年額654,348円(月額54,529円)である。一方、生活保護費の支給金額は居住地域や年齢、家族構成により異なるが、漁村地域(3級地-2)で60-69歳の1人暮らしの場合、月額61,980円である。年金が支給されている場合は生活保護費との年金との差額が支給される。男女高齢漁業者7万5810人が生活保護費と平均年金受給金額との差額の生活保護費(月額7,451円)を受給するならば年間総額は67.78億円となる。この金額は、高齢漁業者が漁業を続け、自活していることで公的支出を免れているため得られた社会的利益ととらえることができる[21]。

　第2は代替的な余暇・健康維持費用である。もし彼らが漁業をしていなければ、その時間を埋めるために何らかの余暇・健康維持活動をするだろう。その費用を介護保険費用で代替する。介護保険が適用される最も軽度のレベルは要支援1で、それは「日常生活上の基本的動作についてはほぼ自分で行うことが可能であるが、要介護状態の予防に資するような何らかの支援を要する状態のこと」で、要支援1レベルの介護保険区分支給限度基準額は月額4,970単位(約49,700円)である[22]。この支給額により週1-2回デイサービスを利用できるため、年間52-104日の漁業活動を代替すると捉えることもできる。先述した通り、一般の日本人高齢者が働き続けたい理由の25.8％は健康・老化防止のためであることからも、要介護予防に一定の社会的支出が伴うと考えることは妥当であろう。このサービスを高齢漁業者7万5810人が受けるとすると、その費用は452.13億円となる。高齢漁業

者が漁業を続けていることで公的支出を免れているため社会的利益ととらえることができる。

第3は海洋の監視費用である。日本学術会議 (2004) の答申には、水産業・漁村の持つ多面的な機能の評価 (試算) が発表されている。総額 1 兆 3846 億円のうち、「生命財産保全機能―監視ネットワーク―漁船の出漁の公的機関による代替費用」は 2,017 億円と試算されている。より具体的には、「漁村における水産業の営みは、我が国周辺に広大な海事情報ネットワークを形成している (中略)。海難救助、災害時の救援と避難、海域環境監視、さらに国境監視などで発揮する機能 (後略)」(p.28) であるとしている。その算出根拠は、出漁による監視ネットワーク機能を海上保安庁の職員によって代替した場合に必要とされる費用の積算額である。高齢漁業者の沿岸での漁業継続は、この機能の一翼を担っていると考えられることから、漁業就業者数に占める高齢漁業者数の割合である 34％分の貢献をしているとすると、その金額は 685.78 億円となる[23]。

以上 3 点の利益を合計すると、社会的利益は 1205.69 億円となる[24]。

(2) 高齢漁業者が漁業を継続することの社会的費用

次に高齢漁業者が漁業を継続することでどのような費用が発生しているかを考える。それに先立ち、次の 2 点を考慮しなければならない。第 1 に、34％の高齢漁業者が 65 歳で引退することが若い漁業者の新規参入意向に影響を及ぼすかどうかという点である。高齢漁業者が漁場利用に介入しなくなることによって漁業の現場でのいわゆる長老支配がなくなり漁業慣行の改廃などの面で自由度が増すことで、若い漁業者にとってはより働きやすい職場環境が形成される。それは参入促進要因として働くだろう。一方、若い漁業者といえどもいつかは 65 歳になり、その時引退しなければならなくなることが参入時点で規定されてもいる。自由な意思に基づきいつまでも自営を続けられる仕事ではないことは参入意欲を減退させる要因となる。このように定年制は参入促進要因と参入意欲減退要因の両方に作用するためその影響は中立と仮定し、若い漁業者の新規参入は現状のまま変わらないと仮定するこ

ととする。

　次に、残った 66％、14 万 6 千人の漁業者が操業を続ける場合に総漁獲量が減少するのかどうかである。ここで総漁獲量が「増加」するという仮定は置かない。というのもいくつかの魚種には TAC が設定されているし、そうでない魚種においてもすでに資源管理が徹底して行われており、日本周辺の漁業資源は満限に近い形で利用されているからである。そこで現行の漁獲量を上限として、漁獲量はそれ以下になるのかどうかを考える。八木・馬奈木 (2010) は経営体数が 3 分の 1 になっても現行の漁獲量を維持できると推計している。漁船の総トン数に至っては、現在の 1％ で良いという。この推計がいささか特殊な仮定に基づいているとしても、1 人当たり漁獲量を増加させる方法がないとは言えない。たとえば現在の日本の沿岸漁業には、漁船のトン数、操業可能時間など細かい技術的規制が課されている。あえて効率化を避け漁獲努力を抑制してきたのは、現行の漁業人口を前提として利用可能な漁業技術を全て利用すると漁獲過剰になってしまう恐れがあるからという面もあるだろう。このようなことから、採用できなかった技術を採用し、漁獲努力量の抑制策を緩和することで、引退年齢前の残存漁業者が以前より多くの漁獲を行うことは可能と考えられる。そこで残存漁業者は 1 人当たり漁獲量を増加させるが総漁獲量に変更はないと仮定することとする[25]。

　さて、高齢漁業者が漁業を継続することから生じる費用として漁業インフラの維持費、残存漁業者の遺失所得、構造改革の遅延の 3 点を考慮する。

　第 1 は漁業インフラの維持費である。日本の沿岸には約 3 千の漁港があり、漁港、漁場、漁村の整備のために年間 843.16 億円の費用が投じられている[26]。漁港の多くは沿岸漁業のための小規模な漁港で、高齢者が作業をしやすいよう岸壁にクレーンを取り付けるなどの改変も近年では行われるようになってきている。もし高齢漁業者がいなければ、高齢者に優しい漁港・漁村にするための整備は不要になる。加えて、漁業就業者数が 7.6 万人減ることから限界漁村にある漁港の使用をやめて漁港機能を集約をすることも可能になるだろう。そこでここでは漁業インフラ予算の 34％、すなわち 286.67 億円は高齢漁業者が漁業を続けるために発生する公的な投資とみなすことと

第1章　高齢漁業者の就業継続とその社会的利益・社会的費用　41

する。

　第2は高齢漁業者が残留しているために若い漁業者が得られなかった所得の遺失分である。既述の通り漁獲量は変わらないと仮定するため、高齢漁業者が稼得した漁業所得は、高齢者がいなければ残存漁業者が個々の漁獲量を増やすことによって得られていたはずの所得である。高齢漁業者による漁業所得の合計額は表 1-3 に示した積算に基づくと 280.04 億円であるため、この金額を高齢漁業者が漁業を続けるために発生した若年漁業者の遺失所得とみなすこととする。

　第3は高齢漁業者層が全体の3分の1をも占めているために立ち遅れた漁業構造改革のコストである。高齢者は歴史的経緯やその結果としての慣行を重んじる傾向が強いため、より近代的な漁業への構造改革は遅れるだろう。また地元では漁業協同組合の組合長・理事などの役職は年功制で決められることが多く、結果的に地域漁業の方向性を定める最高意思決定機関の構成員の多くが高齢漁業者で占められることも多い。理事者でなくとも年長者の発言力は相対的に強い。水産予算のうち「非公共」予算には、資源管理、環境保全のための費用や燃油高騰による経営逼迫を緩和するための手当てなど、漁業者の年齢に感応的でないものもある一方、構造改革や立ち遅れている効率化を推進するためにも予算が手当てされている。2010 年度予算で明らかに構造改革目的が掲げられているのは「漁業共済・漁業経営安定対策 (積立ぷらす)」の 202.55 億円と「強い水産業づくり交付金」の 50.45 億円である。これらを構造改革遅延コストとする [27]。また全国の漁業協同組合は 2010 年度、46.71 億円の事業損失を発生させている [28]。この損失も高齢者が太宗を占める漁協の経営責任であるとして費用に計上すると、構造改革遅延コストは 299.71 億円となる。

　上記の費用を合計すると社会的費用は 866.42 億円となる。

6.　おわりに

　表 1-4 にまとめた通り、高齢漁業者が漁業を継続することの社会的利益は

1205.69 億円であった。一方費用は 866.42 億円であり、社会的利益は社会的費用を 1.4 倍上回っている。よって、高齢漁業者の引退を奨励するための特段の政策は当面必要ない、というのが本研究から得られた暫定的な結論である。もとより、高齢漁業者が生活の維持のためにやむなく漁業を継続しているのであれば、高齢漁業者の痛みや負担も隠れた社会的費用として計上すべきものであるかもしれない。しかし本章の 4. では、高齢漁業者が少なくともやむにやまれず漁業を続けているという状況ではないと結論付けている。それならば高齢漁業者が漁業を続けたいうちは続けてもらうことが社会全体としてもプラスであるということである。

　なお、今後の課題を以下にあげておきたい。本研究の方法に関する課題として、社会的利益、社会的費用に計上されるべきものは本稿に掲げた項目以外にも存在するであろう。さらにその前提として、漁業を継続することから得られる個人の効用が概ね正であって、生活を維持するためにやむなく漁業を継続しているという不本意な状況は存在しないと仮定したが楽観的過ぎないかどうかの慎重な精査が必要であろう。また震災とその後の施策が被災地の高齢漁業者に対してどのような影響を及ぼしているかについても積み残した課題となっている。今後の漁業就業構造の変化に関する課題として、今後、新規参入が低迷するなかで高齢漁業者の絶対数および比率がさらに上昇していけば、本稿で提示した金額も変化していき、場合によっては社会的利益と社会的費用が逆転することも考えられる。一方で、「生涯現役社会」は政府が日本の今後の望ましい姿として掲げており、漁業は意図しなかったにも関わらずその先進事例となっている。モデル的産業としての意識を持って高齢者による漁業の継続をさらに推進していくべきか否かは今後の政策的課題である。

　このような課題があることを踏まえ、次章以下ではより精緻化された分析と展望を行う。まず山内論文 (第 2 章) では現状の漁業就業構造が継続していく場合の、2028 年の漁業者数および生産金額を推計する。次に大谷論文 (第 3 章) では漁業者のライフコースがかつて考えられていたパターンから大きく変化してきていることを述べ、工藤論文 (第 4 章) では高齢漁業者の

漁業種類と所得の 10 年後を展望する。続く加藤論文 (第 5 章) では漁業よりさらに高齢化が進んでいる農業の実態を観察し、下田論文 (第 6 章) では高齢者就業一般の中での農林水産業の特徴を浮き彫りにする。第 7、8 章でケーススタディを行い、第 9 章ではモデル的産業との意識を持って高齢者の存在を前提とした漁業・漁村の将来像を展望する。

参考文献

加瀬和俊「漁家世帯の就業動向の今日的特徴点—2 年間のまとめを兼ねて」、東京水産振興会『沿岸漁業における漁家世帯の就業動向に関する実証的研究—平成 21 年度事業報告』、2010 年。

厚生労働省『平成 22 年度厚生年金保険・国民年金事業の概況』2011 年。(http://www.mhlw.go-jp/stf/houdou/2r985200000.xz56-att/, 2013 年 8 月 25 日検索取)

清家篤・山田篤裕『高齢者就業の経済学』、日本経済新聞出版社、2004 年。

内閣府『第 7 回　高齢者の生活と意識に関する国際比較調査』、2010 年。(http://www8.cao. go.jp/ kourei/ishiki/h22/kiso/zentai/、2012 年 8 月 25 日 検索取得)

日本学術会議『地球・環境・人間生活にかかわる水産業及び漁村の多面的機能の内容及び機能について』、全国市町村水産業振興対策協議会、2004 年。

八木迪幸・馬奈木俊介「日本の漁業における費用削減の可能性 (第 4 章)」寶多康弘・馬奈木俊介『資源経済学への招待』、ミネルヴァ書房、2010 年。

OECD　Employment Policies and Data 2012,

(http://www.oecd.org/els/emp/　2012 年 8 月 25 日検索取得)

---

[1] 2012 年の数値は農林水産省『漁業就業動向調査報告書 (2012)』による。但し、漁業雇われの沿岸漁業者数、沿岸漁業者の男女年齢別内訳は公表されていないため、前者については公表された直近のデータである 2007 年の比率で按分し、後者については男子は漁業就業者全体の高齢者比率を適用し、女子はその比率に女子就業者数を乗じたものを推計値として用いた。また福島県、宮城県、岩手県の就業者数は含まれていないため、2012 年の実態はこれより総数で 1 万人前後多いと見ら

れる。

2 工藤 (本書第 4 章) は、昭和一桁生まれ世代以降の世代は戦後復興期から高度成長
　期に就業年齢となり、他産業に流出していくものが多くなったと述べている。

3 この事実については加瀬 (2010) のなかで山内昌和氏が詳細に整理し、前者の「人
　口学的要因」の寄与率を 68%、後者の「社会経済要因」の寄与率を 32% と算出し
　ている。

4 分析にあたっては農林水産省『漁業経営調査』の個票を用いる。農林水産省『漁
　業経営調査』は 2001-2005 年と 2006 年以降では調査体系が異なり、接続しない
　項目もある。本節では後継者についての分析も行うため、2001-2005 年を分析対
　象とした。

5 40 歳未満および 80 歳以上の漁業生産物収入が各年でばらついているのは図 1-2
　で示す通りデータ数が少ないことが理由の 1 つであると考えられる。

6 50 歳以上を分析対象とするのは、データ数が多いこと、およびそれより若齢の世
　帯主は一般的にまだ後継者を得る年齢に達していないと考えられるためである。

7 50-54 歳の出漁日数がその前後の年代と比べて 40 日程度少ないが、その要因は不
　明である。年間 100 日未満の世帯がこの年代に比較的多く、その特徴は後継者の
　有無にかかわらず見られる。またデータ数が少ないため、40 歳未満および 80 歳
　以上は分析の対象外とした。

8 OECD のデータは被雇用者 (employment) で日雇いやパートを含む。

9 大谷 (本書第 3 章) はこうした筆者の見方とは異なり、高齢漁業者の中には生きて
　いくために必要に迫られて漁業を続けている者も存在していることを強調してい
　る。

10 大谷 (本書第 3 章) によると漁業者にも「漁業者ねんきん (月額 2 万円支給)」と
　なぎさ年金 (月額 4 万円支給)」が用意されており、夫婦で満額で年金受給した場合、
　厚生年金に近づく年金額になるが、その加入率は著しく低い。

11 日本年金機構ウェブサイトより 2013 年 8 月 25 日検索取得。http://www.nenkin.
　go.jp/n/www/service/

12 2010 年現在 65 才の国民年金納付率の平均 (1961-2005 年の 45 年間) は 86.6%
　である。厚生労働省年金局「年金財政ホームページ　国民年金　免除者数、納付

率、繰上げ率の推移」、厚生労働省ウェブサイトより 2013 年 8 月 25 日検索取得。
http://www.mhlw.go.jp/

[13] 国民年金と厚生年金の平均支給金額は 2010 年度末現在の数値で厚生労働省
(2011) による。

[14] 大谷 (本書第 3 章) および工藤 (本書第 4 章) は、高齢者が加齢に伴い漁業種類
を変更していくケースや、高齢者漁業と言える漁業種類が存在すると述べている。
但し、すべての地域で漁業種類の移行が可能なわけではない。

[15] 2010 年 5 月 29 日漁業経済学会大会の筆者の一般報告に対するコメントとして、
多屋勝雄氏は高齢になっても漁業を継続できる理由として「漁業は漁獲から売却
までのプロセスが短く、換金性が高い。漁業者は自営業者といえども漁労活動の
みに専念すれば良く、他の自営業者に要求されるようなマーケティングをしなく
ても済む」ことを上げられた。

[16] 農林水産省『漁業経営調査報告 (長期累計)』によると、海面漁業における漁業所
得による家計費充足率は 1971 年の 95%から直近データである 2005 年には 54.3%
に低下している。これは漁家が漁業所得だけでは家計を支えられないことを物語っ
ている。しかしこのデータは平均値であり高齢漁業者に限定されたものではなく、
また家計収入の 45.7%を漁業外収入によって得ていることを示しているため、本
データをもって漁業を継続しなければならない理由とはならない。

[17] 漁業者が加齢に伴い労働時間を減らしていることは本章 3. の漁業経営調査から明
らかになっているが、本節ではより新しいデータを用いてこの事実を追認する。

[18] 漁業収入は平均値としての沿岸漁業の漁業収入を用い、ここから得られた漁獲物
販売金額と漁業収入の比率 26.4%を年齢別の漁獲物販売金額に乗じることで漁業
所得を積算した。年間漁業日数は農林水産省『漁業センサス (2003)』の「後継者
の漁業日数」から得た。

[19] 但し 工藤 (本書第 4 章) の試算によると、経営体数が減少し高齢化率も上昇する
なかで生産金額は低下しておらず、労働生産性は低下していない。

[20] 東日本大震災が及ぼした正負の影響を考慮しないために 2010 年としたが、デー
タの利用可能性からそれ以前のデータを用いることもある。

[21] この見積金額は本来の利益を過小評価していると考えられる。というのは生活保

護費ないし満額の年金支給額の水準では希望する生活を維持できないと考える漁業者が高齢になっても漁業を続けているからである。その意味で代替的な生活費としては、実際に高齢漁業者が稼得している漁業所得である 280 億円を置くことが妥当かもしれない。

22 厚生労働省の定義による。点数化された基準額は市町村によって換算率が多少異なるが、ここでは 1 単位 10 円として金銭換算した。なお、2013 年時点で、要支援への介護保険の適用を廃止しようという動きがある。

23 2013 年 5 月 26 日の漁業経済学会大会における筆者の報告に対して、多面的機能のなかでも環境・生態系保全機能を入れるべきではないかとの意見をいただいた。本稿では海上での海洋監視や岸壁での漁労活動に伴う沿岸警備など、漁業者の数が直接影響を及ぼす海洋監視機能のみを取り上げた。

24 2013 年 5 月 26 日の漁業経済学会大会における筆者の報告に対して、高齢漁業者が技術・知識を与える役割も果たしているのではないかとの意見をいただいた。しかし 65 才で引退することが前もってわかっている場合は、技術の継承は引退前に完了していると考えられる。

25 総漁獲量は減少するという考えもある。例えば山内 (本書第 2 章) は、2008 年を 100 としたときの 2028 年の延べ販売金額は僅か 32.0 でそれだけ漁業生産量が減少すると予想している。また工藤 (本書第 4 章) は、1990 年あたりから漁業経営体数の減少に応じて漁業生産量が減少していると述べている。

26 この金額は 2010 年度の当初予算額である。例年、年間の水産予算は 2,000 億円前後で、このうち「水産公共」が 800 億円程度を占める。2011 年 3 月に東日本大震災が発生したため、2011 年度以降相当の期間、復旧のためにこの数倍の予算が充てられる。

27 いずれも 2010 年度の当初予算額。

28 政府統計 e-stat ウェブサイト「都道府県知事許可の漁業協同組合の職員に関する一斉調査、2010 年度」、水産業協同組合表 (損益計算書) https://www.e-stat.go.jp/SG1/estat/ (2012 年 11 月 9 日公表) による。

第2章　就業者の推移からみた
自営漁業の生産力の将来見通しと政策課題

山内　昌和

1．はじめに

　日本の人口は、今後、減少と高齢化が進み、就業者も減少すると見込まれる。国立社会保障・人口問題研究所の将来推計人口を整理した表2-1によれば、日本の人口は2010年を100とした指数でみると2040年には83.8にまで減少し、65歳以上人口割合は2010年の23.0%から2040年には36.1%へ上昇する。就業者の割合が高い15-64歳人口[1]は既に1995年を境に減少に転じており、2010年を100とした指数は2040年には70.8となる。

　人口の減少と高齢化、さらには就業者の多い15-64歳人口の減少は、地理的な差異をともなって進む。とりわけ漁業依存度の高い地域では、従来から人口減少や高齢化に直面しており、今後とも人口の面で厳しい状況に置かれる可能性がある。表2-1によれば、漁業依存度の高い地域[2]では、2010年の値を100としたときの2040年の総人口および15-64歳人口は、それぞれ66.0、55.5となり、65歳以上人口の割合は2010年の29.5%から41.4%へと上昇し、15-64歳人口の割合は2040年には50%を下回るようになる。

表2-1　今後の人口の見通し

地域	総人口（千人）		2010年を100としたときの2040年の人口				年齢別人口割合（%）					
							2010年			2040年		
	2010年	2040年	総人口	0-14歳	15-64歳	65歳以上	0-14歳	15-64歳	65歳以上	0-14歳	15-64歳	65歳以上
全国	128,057	107,276	83.8	63.7	70.8	131.2	13.1	63.8	23.0	10.0	53.9	36.1
漁業依存度の高い地域	7,288	4,808	66.0	51.1	55.5	92.8	12.3	58.3	29.5	9.5	49.0	41.4
その他の地域	120,769	102,467	84.8	64.4	71.6	134.2	13.2	64.2	22.6	10.0	54.2	35.8

注：漁業依存度の高い地域とは、2010年の国勢調査で漁業就業者割合が1%以上の市区町村（ただし福島県を除く）であり、その他の地域とは漁業依存度の高い地域以外の市区町村。ただし、ここでの市区町村の境域は2013年3月1日時点のものであり、12政令市（札幌市、仙台市、千葉市、横浜市、川崎市、名古屋市、京都市、大阪市、神戸市、広島市、北九州市、福岡市）と東京23区は区を単位とした。
出所：国立社会保障・人口問題研究所『日本の地域別将来推計人口（平成25年3月推計）』より作成

このような日本の人口の現状と見通しを踏まえるならば、漁業の担い手も
これまで以上に減少し、高齢化することはやむを得ないのかもしれない。で
は、漁業の担い手の数と年齢構造の推移、またその漁業生産力に及ぼす影響
はどのようなものであろうか。また、今後想定される漁業の変化に対して必
要とされる対応はいかなるものであろうか。

　本稿では、これらの点について、男性の自営漁業就業者ならびに、世帯と
しての側面を有する個人漁業経営体に焦点を当てて検討したい。男性の自営
漁業就業者を対象とするのは、漁業就業者の大多数を占めるからである。ま
た、世帯としての側面を含めた個人漁業経営体を対象とするのは、自営漁業
就業者の多くが属しているからであり、本稿での議論が養殖業を含む沿岸漁
業を念頭に置いたものだからである。これ以降、とくに断りのない限り、男
性の自営漁業就業者を漁業者、世帯としての個人漁業経営体を漁家、養殖業
を含む沿岸漁業のことを漁業として表すものとする。

　さて、産業構造の高度化が進んだ日本では、漁業が構造不況業種となり、
漁業者が減少した。その過程で、漁場喪失によって特定の漁業部門が消滅す
るといった劇的な変化も生じ、かつて問題視された漁業の過剰就業も解消し
ていった。したがって、漁業研究において漁業者の減少や高齢化は与件とし
て扱われることはあっても、そのこと自体が研究の対象として積極的に取り
上げられることは少なかった。

　そうした中で、漁業者の数と年齢構造の変化のメカニズムを検討した代表
的な成果が加瀬の研究[3]である。同研究は、漁業者の数の調整は新規に就業
する時点でなされており、一旦漁業に従事した者は高齢期に引退するまで漁
業を続けること、新規に漁業に従事する若年者は次第に減ってきており、そ
の背景に漁業に従事した場合に得られるであろう所得水準が十分でないとい
う状況があること、を明らかにした。

　加瀬の研究が、漁業者の数と年齢構造の変化をもっぱら自営漁業の経済的
な側面と関連付けて論じたのに対し、漁業者の属する世帯の変化を視野に入
れて論じたのが山内 (2011) である。山内 (2011) によれば、漁家世帯員の
間で出生率の低下が進んだことや親世代の規模が縮小したことで自営漁業の

後継者予備軍である嫡男が減少した。こうした、いわゆる再生産領域を含む漁家世帯の変化は、自営漁業の経済的な側面と合わさって漁業者の減少と高齢化をもたらした。

　加瀬や山内の研究は、漁業者の数と年齢構造の変化のメカニズムを論じたものであるが、そこでの主要な問いは「なぜ若い漁業者は少ないのか」というものであって、今後の漁業者の数や年齢構造の見通しについて踏み込んだ検討は行っていない。

　以上を踏まえ、本稿では3つの課題を設定する。1点目は、漁業者の数と年齢構造の変化ならびに漁家世帯の変化について、既存研究の成果を援用しつつ整理することである。2点目は、漁業者の数や年齢構造の今後の見通しと将来の漁業生産力への影響を明らかにすることである。3点目は、1点目と2点目の検討結果を踏まえて、今後想定される漁業の変化を明らかにし、担い手の高齢化が進んだ漁業の現状を通時的な観点から相対化し、今後必要な政策課題について論じることである。

　以下、2.と3.は1点目の課題、4.は2点目の課題、5.は3点目の課題について検討し、6.で全体をまとめ、今後の課題を述べる。

２．自営漁業就業者の変化のメカニズム

(1) 全国でみた自営漁業就業者の減少と高齢化のメカニズム

　農林水産省『漁業センサス（2008）』によれば、男性の漁業就業者は112,374人で、30年前の1978年の239,170人に比べると半分以下になった。高齢化も進んでおり、この間に39歳以下の漁業者は64,637人から11,780人へ大幅に減少したのに対し、65歳以上の漁業者は31,597人から51,607人へ増加した。全年齢に占める割合についても、同期間に15-39歳の漁業者は27.0％から10.5％へ低下したのに対し、65歳以上の漁業者は13.2％から45.9％へ上昇した。

　漁業者の減少と高齢化は、① 30-50歳代にかけてコーホート（出生年を

50

同じくする人口集団のこと）でみた漁業者の規模の変化は小さい（換言すれば、コーホートでみた漁業者の規模の変化が生じるのは60歳代以降である）、②若年漁業者は年々減少する、というメカニズムが長らく続いたために生じた。例えば、①については、1978年の30-34歳の漁業者を100とし、その変化をコーホートで観察すると、1988年の40-44歳時点で104.4、1998年の50-54歳時点で97.9、2008年の60-64歳時点で93.4と30年間での変化は僅かである。②については、1978年における30-34歳の漁業者を100とすると、30-34歳の漁業者は年々減少し、2008年には21.0となる。

　このような２つのメカニズムが作用すると、新規に漁業に参入した若年者よりも漁業をやめる高齢者が多くなるので漁業者は減少する。図2-1は、漁業者の数の変化を次の３つの要素に区分して表現したものである[4]。

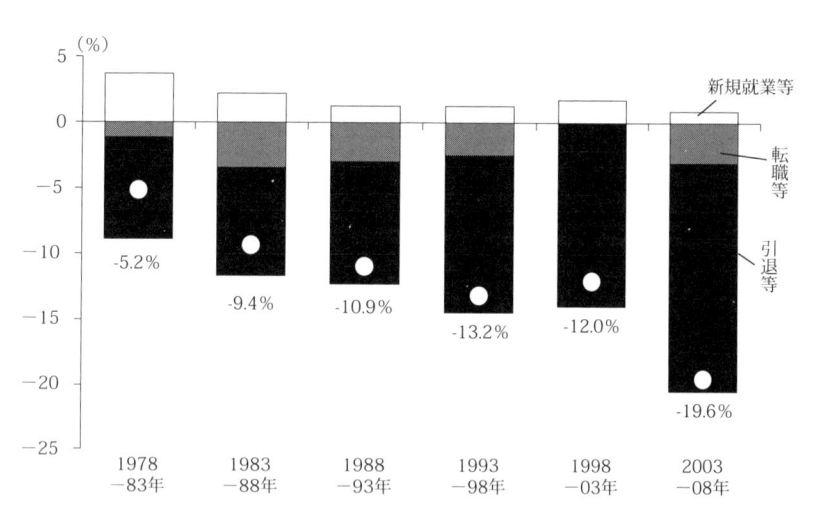

注1：新規就業者等：期首時点で15-24歳の漁業者が5年後の期末時点に20-29歳になる過程での増加分と期末時点の15-19歳の漁業者の数を期首時点の漁業者数で除した値。
注2：転職等：期首時点で25-59歳の漁業者が5年後の期末時点に30-64歳になる過程での減少分を期首時点の漁業者数で除した値。
注3：引退等：期首時点で60歳以上の漁業者が5年後の期末時点に65歳以上になる過程での減少分を期首時点の漁業者数で除した値。
注4：白抜きの丸が全体の変化率を表し、その値は図中に示した。
出所：農林水産省『漁業センサス(関係各年)』より作成。

図2-1　要因別にみた男性自営漁業就業者の変化率

第2章　就業者の推移からみた自営漁業の生産力の将来見通しと政策課題　51

(ア) 新規就業者等の純増：期首時点で 15-24 歳の漁業者が 5 年後の期末
時点に 20-29 歳になる過程での増加分と期末時点の 15-19 歳の漁業者の数、
(イ) 転職等での純減：期首時点で 25-59 歳の漁業者が 5 年後の期末時点に
30-64 歳になる過程での減少、(ウ) 引退等による純減：期首時点で 60 歳
以上の漁業者が 5 年後の期末時点に 65 歳以上になる過程での減少。同図に
示されるように、漁業者の減少は、(イ) が相対的に小さい中で、(ウ) が (ア)
に比べて極端に多いために生じていることが分かる。

(2) 他産業の就業者との比較でみた漁業の特徴

漁業者の減少や高齢化とそのメカニズムというものは、他産業と比較して
どのような特徴をもつのであろうか。

漁業者を含めて他産業の就業者の動向を比較しうるデータとして総務省
『国勢調査』がある。総務省『国勢調査』は日本に常住する全人口が対象となっ
ているため、標本調査に比べて高い精度を持つとみなせる。ただし、調査年
の 9 月 24 日から 30 日までの 1 週間の主な仕事に基づいて就業者の産業を
区分する。このため、総務省『国勢調査』の漁業者と農林水産省『漁業セン
サス』の漁業者は定義が異なる点に注意する必要がある[5]。なお、本稿では
自営漁業を念頭に置いているため、役員と雇用者を除いた漁業の就業者につ
いて検討する（以下、区別しやすいように産業名を漁業（自営）と表記する）。

表2-2　2010年の就業者総数と年齢構成および2005→2010年のコーホート変化率

産業	就業者				2005→2010年のコーホート変化率		
	総数	年齢構成（%）			55-59歳→60-64歳	60-64歳→65-69歳	65-69歳→70-74歳
		15-39歳	40-64歳	65歳以上			
総数	98.4	37.9	51.4	10.7	0.77	0.67	0.59
農業	49.2	12.6	38.1	49.3	1.34	1.03	0.77
林業	46.2	26.7	55.5	17.8	1.42	1.02	0.71
漁業(自営)	45.6	14.3	48.4	37.3	0.97	0.86	0.71
建設業	86.0	34.4	56.5	9.1	0.73	0.55	0.43
製造業	83.6	42.0	51.5	6.5	0.61	0.54	0.52
第3次産業	117.7	38.9	51.3	9.8	0.81	0.69	0.60

注1：総数は1980年の就業者数を100としたときの値
注2：分類不能の産業の就業者は、年齢別に各産業の就業者に按分して含めた。
出所：総務省『国勢調査（関係各年）』より作成。

漁業（自営）は 30 年間で就業者の減少がもっとも進み、1980 年を 100 と
した 2010 年の就業者の総数は 45.6 であった（表 2-2）。また、漁業（自営）
は年齢構造の高齢化も著しく進んでおり、同年における就業者に占める 65
歳以上の割合は 37.3％、15-39 歳の割合は 14.3％であり、いずれも農業に
次ぐ水準であった（表 2-2）。

　漁業（自営）が他の産業に比べて就業者の減少と高齢化が進む要因は、以
下の 3 点である。1 点目は、漁業（自営）の場合、若年就業者の減少が他の
産業より進んだ。1980 年の 30-34 歳の就業者を 100 としたときの 2010
年の 30-34 歳の規模は、就業者全体で 67.0 に対し、漁業（自営）はもっと
も低い 23.1 であった。同指標を他の産業についてみると、農業は 31.2、林
業は 69.2[6]、建設業は 54.2、製造業は 60.8、第 3 次産業は 75.6 であった。

　2 点目は、漁業（自営）の場合、高齢になっても就業を継続しやすい。例えば、
就業継続率を表す指標とみなせるコーホート変化率[7]をみると、漁業（自営）
の 2005-2010 年の 55-59 歳→ 60-64 歳、60-64 歳→ 65-69 歳、65-69 歳
→ 70-74 歳の値はそれぞれ 0.97、0.86、0.71 であった（表 2-2）。この値
は農林業よりは低いものの、第 2 次産業や第 3 次産業よりは高い[8]。

　3 点目は、漁業（自営）の場合、1980 年で既に年齢構造の高齢化が進
んでいた。1980 年の漁業（自営）の就業者に占める 65 歳以上人口割合は
11.1％と就業者全体の 5.7％を大きく上回っていた。他産業に比べて高齢化
が早くから進んでいたことの影響が現在まで残っていると考えられる。

　先に 30 歳代から 50 歳代にかけてコーホートでみた漁業者の規模の変化
は小さいことを指摘したが、この点は総務省『国勢調査』でも同様であっ
た。1980 年の 30-34 歳時点の就業者を 100 としたときの 2005 年時点の
55-59 歳[9]の就業者をみると、就業者全体の 84.0 に対し漁業（自営）は
86.1 であった。同指標の値は、他の産業では、農業が 93.6、林業が 87.4、
建設業が 93.0、製造業が 69.8、第 3 次産業が 87.9 であった。つまり、先
ほど指摘した、① 30 歳代から 50 歳代にかけてコーホートでみた漁業者の
規模の変化は小さい、というメカニズム自体は必ずしも漁業（自営）に特有
の状況とはいえないのである。

第2章　就業者の推移からみた自営漁業の生産力の将来見通しと政策課題　53

(3) 地域別にみた自営漁業就業者の減少と高齢化のメカニズム

　全国でみられた漁業者の減少と高齢化およびそのメカニズムは、地域別に
も同様とみなしてよいのであろうか。

　大海区という地域単位でみた場合、漁業者の減少と高齢化は全ての大海区
に共通する。大海区の境域が同一である1978-1998年の20年間の変化を
整理したのが表2-3である[10]。1978年を100としたときの1998年の漁業
者は全国で66.5であり、大海区別には東シナ海区の60.5から太平洋南区
の74.9までの幅はみられるものの、漁業者は全ての大海区で減少した。高
齢化について、漁業者に占める65歳以上の割合をみると、いずれの海区で
も1978年から1998年にかけて2倍以上になり、高齢化が進んだ。

　漁業者の減少と高齢化の基本的なメカニズムである①30歳代から50歳
代にかけてコーホートでみた漁業者の規模の変化は小さい、②若年漁業者は
年々減少する、も全ての大海区に共通する。例えば、①に関しては、1978
年の30-34歳の漁業者を100としたときの1998年の50-54歳の漁業者
をみると、もっとも低い東シナ海区で84.2、それに次ぐ太平洋北区で87.6、
北海道区で95.6であり、他は100を超えた（表2-3）。東シナ海区や太平

表2-3　大海区別にみた1978-1998年の男性自営漁業就業者の推移

大海区	就業者の総数（1998年）	65歳以上の割合（%）		1978年の30-34歳を100とした値	
		1978年	1998年	50-54歳（1998年）	30-34歳（1998年）
全国	66.5	13.2	34.4	97.9	39.9
北海道	67.5	12.6	31.4	95.6	58.1
太平洋北	68.5	11.4	32.7	87.6	46.2
太平洋中	68.6	10.9	34.9	102.9	40.1
太平洋南	74.9	13.2	34.0	116.0	41.7
日本海北	73.3	15.3	40.9	121.8	22.2
日本海西	68.6	17.3	44.7	115.4	26.5
東シナ海	60.5	11.1	31.3	84.2	35.8
瀬戸内海	64.6	17.7	36.0	105.4	37.0

注：就業者の総数は1978年を100としたときの値
出所：農林水産省『漁業センサス(関係各年)』より作成。

洋北区ではやや低い値を示すが、前節でみた総務省『国勢調査』の結果と
比べて著しく低いわけではない。②に関しては、1978年の30-34歳の漁業
者を100としたときの1998年の30-34歳の漁業者をみると、全国で39.9
であり、大海区別には北海道海区の58.1から日本海北区の22.2まで差は
あるものの、30-34歳の漁業者は全ての大海区で大幅に減少した（表2-3）。

　より細かな地域単位でみれば、若い漁業者が多く、世代間での漁業の継承
が比較的順調になされている地域は存在すると推察される。そこで、農林水
産省『漁業センサス』の漁業地区別に、1978年から1998年の漁業就業者
の変化と年齢構成の変化を検討した。利用したデータは農林統計協会から電
子データとして販売されている農林水産省『漁業センサス結果（累年統計）』
に収録された漁業地区別の男性の年齢別自営漁業就業者数である。集計対
象とした漁業地区は、1978年から1998年まで一貫して漁業就業者の存在
する2,079の漁業地区のうち、1978年の男性の自営漁業就業者が30人以
上であり、なおかつ1998年にも男性の自営漁業就業者が存在する1,691
地区である。これら集計対象となった漁業地区の男性の自営漁業就業者の
合計は、1978年および1998年の全ての男性の自営漁業就業者の96.9％、
93.5％を占める。

　1978年を100としたときの1998年の漁業者の値を漁業地区別にみる
と、約9割の漁業地区で100を下回っており、20-40％の減少を意味す
る60-80となる漁業地区が多い（表2-4の総数の列）。さらに、1978年と
1998年の全漁業者に占める65歳以上の割合を漁業地区別に散布図として
表現すると（図2-2）、点の位置が図中の直線よりも左上側、すなわち1978
年よりも1998年の65歳以上割合の方が高い漁業地区がほとんどである。
一部の例外を除けば、大多数の漁業地区で漁業者の減少と高齢化が進んだこ
とがわかる。

　漁業者の減少と高齢化をもたらすメカニズムのうち、②若年漁業者は年々
減少する、についてはほとんどの漁業地区に共通してみられたが、①30歳
代から50歳代にかけてコーホートでみた漁業者の規模の変化は小さい、に
ついては漁業地区によって多様であった。1978年を100としたときの

第2章　就業者の推移からみた自営漁業の生産力の将来見通しと政策課題　55

表2-4　1998年における男性の自営漁業就業者（総数と34歳以下）および
期首時点30-44歳コーホートの1978年を100としたときの値別にみた漁業地区数

1978年を100とした値	総数		34歳以下		期首時点30-44歳コーホート	
	実数	割合	実数	割合	実数	割合
20未満	53	3.1	717	43.1	30	1.8
20-40	148	8.8	472	28.4	73	4.3
40-60	474	28.0	230	13.8	160	9.5
60-80	589	34.8	119	7.2	364	21.5
80-100	252	14.9	35	2.1	352	20.8
100-120	102	6.0	49	2.9	306	18.1
120-140	41	2.4	12	0.7	164	9.7
140以上	32	1.9	29	1.7	241	14.3
計	1,691	100.0	1,663	100.0	1,690	100.0

注1：34歳未満およびコーホートの変化で漁業地区数が1,691より少ないのは、それぞれ期首時点の値が0の漁業地区を除いたからである。
出所：農林水産省『漁業センサス（関係各年）』より作成。

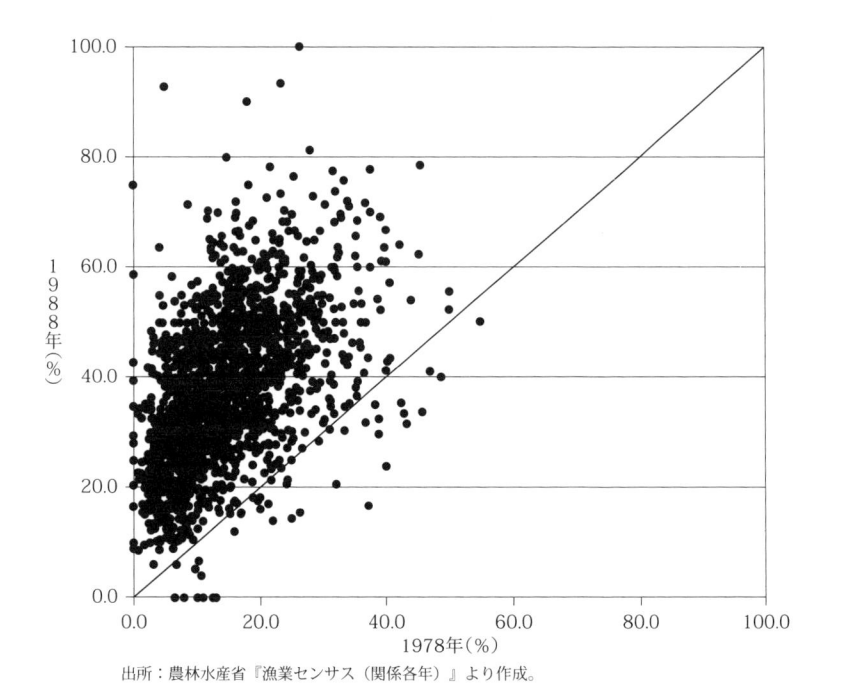

出所：農林水産省『漁業センサス（関係各年）』より作成。

図2-2　1978年と1998年における65歳以上の男性
自営漁業就業者の割合の漁業地区別分布

1998 年の 34 歳以下の漁業者[11] は 20 未満となる漁業地区が最多であり（表 2-4 の 34 歳以下の列）、全年齢の漁業者の減少の程度を大きく上回った。一方、1978 年の 30-44 歳の漁業者を 100 としたときの 1998 年の 50-64 歳の漁業者をみると[12]（表 2-4 のコーホートの変化の列）、増減のパターンにはばらつきがみられた。先にみた 34 歳以下の漁業者のように大きく数を減らした漁業地区は少ないものの、80 未満や 120 以上となる漁業地区は少なからずみられる。このことは、一旦漁業に就業した場合でも高齢になる前に漁業をやめる者が存在する場合がある一方で、30 歳代や 40 歳代、あるいは 50 歳代になっても新たに漁業に従事する者が存在する場合もあったことを示唆する。

　この他、例外的ではあるが、漁業者の総数或いは 34 歳以下の漁業者が増えた漁業地区や、高齢化がほとんど進まなかった漁業地区もみられた。本稿ではこれ以上の検討は実施していないが、集落単位などで検討した場合にも、大勢としては漁業地区別にみられたものと同様の結果になると推察される。このように、一部に例外的な漁業地区も存在するが、漁業者の減少と高齢化は全国的な広がりをもった現象であり、若年漁業者の減少も同様であった。ただし、全国や大海区では、コーホートでみた 30 歳代から 50 歳代にかけての漁業者の規模の変化は小さかったが、漁業地区別にはコーホートでみた 30 歳代から 50 歳代にかけて漁業への参入或いは漁業からの退出が頻繁に生じている可能性が示唆された。

３．個人漁業経営体世帯の変化

(1) 個人漁業経営体世帯の規模の縮小

　漁業者の減少と高齢化が進むと同時に、漁業者の属する世帯も変化した。漁家の 1 世帯当たりの平均世帯人員は、1978 年の 4.6 人から 2008 年の 3.4 人まで 1.2 人低下した。こうした平均世帯人員の変化は、漁業者を含む世帯員の家族形成のあり方と関わっている。

第2章　就業者の推移からみた自営漁業の生産力の将来見通しと政策課題　57

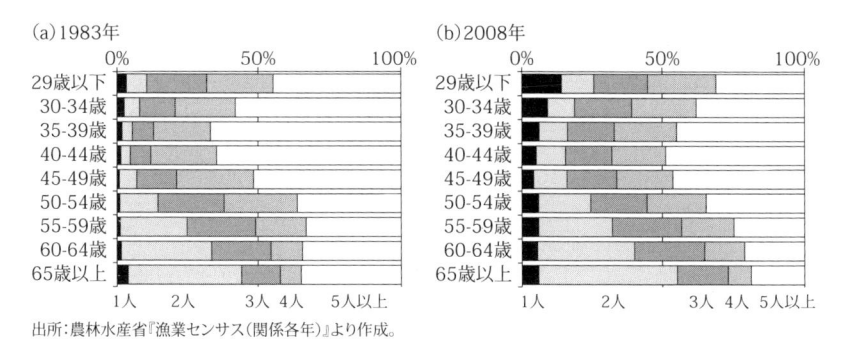
出所:農林水産省『漁業センサス(関係各年)』より作成。

図2-3　男性の基幹的漁業従事者の年齢別にみた世帯人員別の個人経営体数の分布

　図2-3は1983年[13]と2008年の農林水産省『漁業センサス』から得られる男性の基幹的漁業従事者の年齢別に世帯人員別の漁家数の構成を示したものである。ここでは基幹的漁業従事者の年齢を3つに分けて、年齢パターンと年次変化の特徴を整理する。

　第1の年齢区分である29歳以下から40-44歳の年齢層では、年齢が増すと4人以下の漁家の割合が低下する一方で5人以上の割合が上昇する。これは1983年と2008年に共通する傾向である。この年齢層は、結婚や子の出生といったライフイベントを経験する一方で親の生存率も高いため、年齢が増すと世帯規模は拡大しやすい。1983年と2008年で異なるのは、2008年の方が1人や2人、3人の経営体の割合が高いことである。この背景には、未婚や離別により配偶者のいない世帯、あるいは結婚後も子を持たない世帯の割合が増えたといったことが想定される。

　第2の年齢区分である45-49歳から50-54歳の年齢層では、年齢が増すと2人や3人の漁家の割合が上昇する一方で4人以上の割合は低下する。これは1983年と2008年に共通する傾向である。この年齢層は、子が親元から離れたり、親の死亡を経験したりするため、年齢が増すと世帯規模が縮小しやすいと考えられる。1983年と2008年で異なるのは、2008年の方が1人や2人の経営体の割合が高いことである。この背景には、先ほど第1の年齢区分で述べたことと共通する世帯の変化が想定される。

　第3の年齢区分である55歳以上については、1983年と2008年で大き

く異なる。1983 年には、年齢が増すと 2 人と 5 人以上の漁家の割合が上昇した。これは、世帯の跡継ぎが不在のため夫婦のみとなる世帯と、世帯の跡継ぎとなった既婚子と同居する世帯とがそれぞれ一定の割合で存在したことの影響であろう。一方、2008 年には、年齢が増すと 3 人以上の経営体の割合が低下する一方で 2 人の割合が上昇する。近年は、基幹的漁業従事者が高齢者の経営体では、世帯の跡継ぎである既婚子とその配偶者、さらにはその既婚子の子も含めて多世代で同居するケースはかなり限られていることを示すものであろう。

　このようにみてくると、漁家の世帯規模の縮小は、世帯の中で親から子へという世代の再生産がなされていた状態から、再生産が行われにくい状況へと変化する中で生じたといえよう。こうした変化は、直系家族的な家族形成のあり方から核家族的なものへと変化したという捉え方も可能かもしれないが、家族制度の変容とみなすことには慎重であるべきであろう。なぜなら、直系家族的な家族形成への意欲があったとしても、それを実現することが困難になっている状況、具体的には、経済的に漁業を継承することが難しく、他の就業機会を求めて子が他地域へ流出せざるを得ない状況や、若年者の中で結婚や子をもつといった家族形成が難しい状況などが影響していると考えられるからである。

(2) 個人漁業経営体世帯員の変化

　漁業者の減少と高齢化、漁家の世帯規模の縮小とともに、漁家の世帯員も変化した。その変化は以下 3 つの特徴をもつ。

　1 つは年齢構造の高齢化である。漁家世帯員の年齢構造は大幅に高齢化しており、1978 年から 2003 年[14]にかけて個人漁業経営体の世帯員に占める 65 歳以上の割合は 12.6％から 31.1％へ上昇した。総務省『国勢調査(2010)』による総人口に占める 65 歳以上の割合が 23.0％であるから、漁家世帯員の高齢化は相当程度進んでいる。漁家世帯員の高齢化の進展は、世帯内に高齢者のケアを担いうる若年者が不在の世帯が増加していることを意味する。後述のように男性の高齢世帯員の多くは漁業者であってケアの必要な者は多く

第2章　就業者の推移からみた自営漁業の生産力の将来見通しと政策課題　59

ないかもしれないが、引退後あるいは既に漁業を引退したため漁家世帯として
カウントされなくなった世帯の高齢者やその配偶者にとって、世帯内にケア
の資源を欠く状況には問題が内包されている可能性がある。

　漁家世帯員の変化の2点目は就業の多様化である。図2-4は年齢別に
みた漁業世帯員の主な就業をみたものである。男性の場合、1978年から
2003年にかけて高齢者で海上作業の割合が増える一方、若年者ではその他
常雇の割合が上昇した。これは親子とも漁業に従事する人々の割合が低下
し、親子同居の場合には子が漁業以外の職に就き、親のみが漁業に従事する
割合が増したことを反映していると考えられる。つまり、近年の漁家世帯で
は、高齢漁業者の多くがかつてのような補助的な漁業労働力ではなく、基幹
的な漁業労働力となっていると考えられる。他方、女性の場合、1978年か
ら2003年にかけて漁業を含む自営部門の割合が低下する一方、その他常雇
やその他臨時の割合が若年者を中心に増えた。男性世帯員の変化や世帯規模
の縮小と併せて考えると、従来に比べ、世帯員の協業で自営漁業を営むとい
う漁家世帯のかつてのあり方は大きく変化し、漁業を営む上で動員可能な自
家労働力は大幅に減っているといえよう。なお、50歳代以上の女性では海
上作業の割合がこの間に上昇したことから、後継の漁業労働力のいない漁家
世帯を中心に、高齢の妻が高齢の夫の補助的な労働力として自営漁業を支え
る例が増えているのかもしれない。

　漁家世帯員の変化の3点目は再生産機能の低下である。漁家世帯員の出
生率について検討した山内（2011）によれば、男性を基準とした合計出生
率（TFR）は2003年に1.18であり、1978年の1.66から低下した。合計
出生率が2.1を下回るというのは、子世代の規模が親世代を下回ることを意
味する。つまり、漁家世帯員全体でみれば、人口学的な意味で長期にわたっ
て親世代よりも子世代が少なくなる状況が続いたということである。この低
い出生率は、未婚化の進展と、結婚した夫婦の平均的な子ども数は2人程
度という状況の一般化によってもたらされたと考えられる。こうした再生産
機能の低下自体は必ずしも漁家世帯員に特有の現象とはいえない。ただし、
合計出生率の低下は嫡男がいない状況を生じやすくするため、漁家世帯に

とって漁業後継者の確保という点で無視できない影響を及ぼす。また、低出生率は親族規模の縮小にもつながるため、かつてのように、繁忙期に親族関係を基盤とする世帯外労働力を一時的に動員するといったことも困難になっていると推察される。

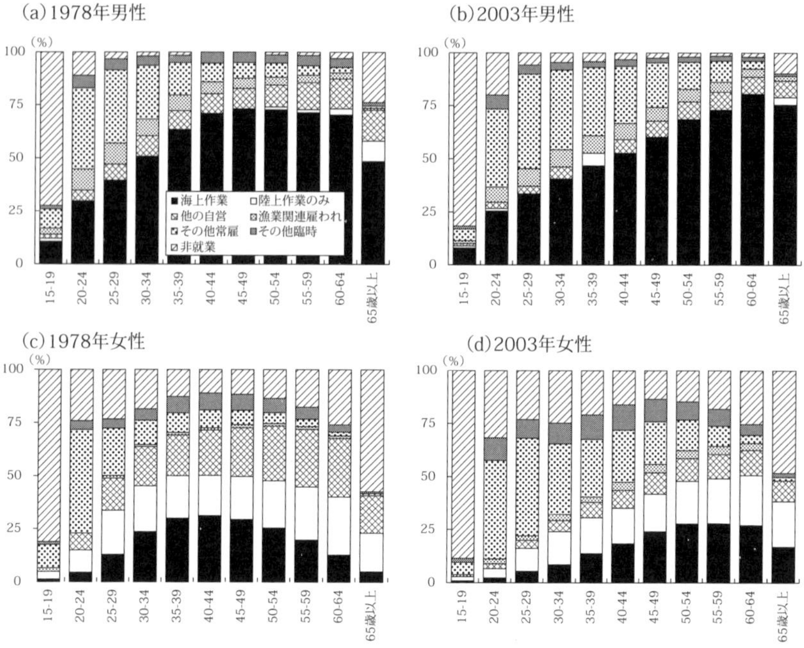

(a)1978年男性　(b)2003年男性　(c)1978年女性　(d)2003年女性

■海上作業　□陸上作業のみ
□他の自営　■漁業関連雇われ
■その他常雇　□その他臨時
□非就業

出所：農林水産省『漁業センサス(関係各年)』より作成。

図2-4　年齢別にみた個人漁業経営体世帯員の就業

第2章　就業者の推移からみた自営漁業の生産力の将来見通しと政策課題　61

４．今後の漁業就業者数の見通しと漁業生産力への影響

(1) 漁業就業者数の将来推計

　農林水産省『漁業センサス（2008）』を基準とし、2028 年まで５年おき
に男性の年齢別自営漁業就業者の将来推計を行う。将来推計の方法は、人口
学的モデルの一種であるコーホート変化率法（Hamilton-Perry method）[15]
の考え方を援用したものである。

　コーホート変化率法は、コーホートでみた人口変化の趨勢を利用して将来
人口を推計するものである。具体的には、t 時点で年齢 x の漁業者を Fis(t, x)
とすると、５年前の漁業者である Fis(t-5, x-5) とこの間のコーホート変化率
r(t-5 → t, x-5 → x) を用いて下記のように表すことができる。

$$\text{Fis}(t, x) = \text{Fis}(t\text{-}5, x\text{-}5) \times r(t\text{-}5 \to t, x\text{-}5 \to x) \quad \cdots \quad (1)$$

したがって、仮に 2013 年の年齢別漁業者を推計する場合、農林水産省『漁
業センサス』から得られる 2008 年の年齢別漁業者とコーホート変化率の仮
定値があればよく、2018 年の年齢別漁業者は、先に推計された 2013 年の
年齢別漁業者とコーホート変化率の仮定値があれば良いということになる。

　問題となるのは、期末時点の 15-19 歳、20-24 歳の漁業者の算出法である。
なぜなら、期末時点の 15-19 歳の漁業者は期首時点で非漁業者であるため
コーホート変化率の考え方を利用することはできないからであり、期末時
点の 20-24 歳の漁業者は期首時点の 15-19 歳の漁業者が少ないためにコー
ホート変化率が不安定であるからである。本稿では、将来の年齢別人口が既
に推計されていることを踏まえ、年齢別にみた人口（P(t, x)）に占める漁業
者の割合（s(t, x)）を用いて下記のように表すことにした。

$$\text{Fis}(t, x) = P(t, x) \times s(t, x) \quad \cdots \quad (2)$$

したがって、仮に 2013 年の年齢別漁業者を推計する場合、国立社会保障・
人口問題研究所の『日本の将来推計人口（平成 24 年 1 月推計）』から得ら
れる 2013 年の年齢別人口を利用し、年齢別にみた人口に占める漁業者の割

表2-5 自営漁業就業者（男性）の推計結果

		2008年	2028年		
			現状維持	楽観	悲観
実数	年齢計	112,374	41,463（36.9）	55,834（49.7）	32,476（28.9）
	15-39歳	11,780	3,558（30.2）	4,401（37.4）	3,396（28.8）
	40-64歳	48,987	12,356（25.2）	18,059（36.9）	11,915（24.3）
	65歳以上	51,607	25,549（49.5）	33,374（64.7）	17,165（33.3）
割合	15-39歳	10.5	8.6	7.9	10.5
	40-64歳	43.6	29.8	32.3	36.7
	65歳以上	45.9	61.6	59.8	52.9

注1：現状維持、楽観、悲観は推計のシナリオの違いによるもの。詳細は本文を参照。
注2：カッコ内は2008年の値を100としたときの2028年の値。
出所：農林水産省『漁業センサス（関係各年）』より作成。

合の仮定値があれば算出できる。2018年も基本的に同じ考え方である。

これら(1)式と(2)式を利用することで、将来の年齢別の漁業者を算出することができる[16]。推計に必要な仮定値は次のように設定した。r(t-5 → t, x-5 → x) については、1973 → 1978年 -2003 → 2008年の実績値のうち、①最大となる値、②最小となる値、③ 2003-2008年の値である。これらは、①が楽観的、②が悲観的、③が現状維持という3種類のシナリオとみなせる。(2)式に関しては、年齢別にみた人口に占める漁業者の割合が低下傾向にあることから、1998-2008年の同割合の変化率を2028年まで延長した。日本の人口に占める漁業者の割合は1973年以降に低下していることから、(2)式の仮定は現状維持的なシナリオとみなせる。

現状維持のシナリオの結果によれば、2008年以降、全年齢で漁業者が減少するとともに、高齢者の割合は上昇する。2028年には、2008年の値を100とすると、漁業者の総数は36.9、15-39歳は30.2、40-64歳は25.2、65歳以上は49.5となる（表2-5）。40-64歳の減少が相対的に大きいのは期首時点で40-50歳代のコーホート変化率がやや低いことの影響である。その結果、漁業者に占める65歳以上の割合は2028年には60％を超え、15-39歳および40-64歳の漁業者の割合はいずれも低下する。

楽観シナリオ、悲観シナリオの結果については、前者は現状維持シナリオに比べて漁業者の減少は緩やか、後者はより減少が進む結果となる（表

第 2 章　就業者の推移からみた自営漁業の生産力の将来見通しと政策課題　63

2-5)。ただし、いずれのシナリオであっても漁業者の更なる減少と高齢化の進展は共通する。近年の漁業者の年齢構造やその変化の趨勢は、今後の漁業者の減少と高齢化をもたらすかなり強い力を持つといえよう。

(2) 今後の海上作業従事日数と販売金額の見通し

前節で得られた将来の漁業者の推計結果を利用して、今後想定される生産力の変化について検討する。対象とするのは個人漁業経営体のうち基幹的漁業従事者が男性である経営体の生産力である。これら経営体は、2008 年には個人漁業経営体の 97.5 ％を占める。生産力の指標として取り上げるのは海上作業従事日数と販売金額である。前者の海上作業従事日数は、生産力のうちの投入量を表す指標の一種である。海上作業従事日数は、天候や各種の操業規則等の制約があるために無制限に増やすことは不可能であるが、他の条件が同じであれば、個々の漁業者は多くの収益を得ようとして海上作業従事日数を増やそうとする。しかし、個人の肉体には限界があるため、一般には加齢にともなう体力の低下とともに海上作業従事日数は減る。したがって、全体としてみれば、漁業者の減少や高齢化の進展は海上作業従事日数を減らすことになるだろう。

後者の販売金額は、生産力のうちの産出量を表す指標の一種である。販売金額は、利潤を直接に示すものではないが、漁業者が多くの利潤を得ようとすれば販売金額も増えることになる。販売金額の多寡は様々な要素と関連するが、一般には、高齢の漁業者よりも若い漁業者の方が多くの利潤を求めるために販売金額は多くなりやすい。したがって、全体としてみれば、漁業者の減少や高齢化の進展は販売金額を減らすことになるだろう。

以上を踏まえ、農林水産省『漁業センサス』の個人漁業経営体に関する集計のうち、専業兼業別、基幹的漁業従事者の性別・男子年齢別統計を利用して、以下の方法で今後の海上作業従事日数と販売金額を推計した。

まず、農林水産省『漁業センサス（2008）』から得られる男性の年齢別の自営漁業就業者と基幹的漁業従事者の比を将来も一定とし、前節で求めた将来の年齢別自営漁業者を用いて 2013-2028 年の基幹的漁業従事者数の年齢

別個人経営体数を算出した。次に、農林水産省『漁業センサス（2008）』から得られる年齢別の専業、第1種兼業、第2種兼業の構成比を将来も一定とし、先に求めた将来の基幹的漁業従事者数の年齢別個人経営体数を用いて、2013-2028年の基幹的漁業従事者の専業兼業別年齢別の個人漁業経営体数を算出した。その上で、海上作業従事日数については、1988年と1993年の農林水産省『漁業センサス[17]』に掲載された基幹的漁業従事者の専業兼業別年齢別の海上作業従事日数別個人漁業経営体数の構成比の平均を利用して、この値を将来も一定と仮定し、2013-2028年の基幹的漁業従事者の専業兼業別年齢別の海上作業従事日数別個人漁業経営体数を求めた。さらに、販売金額については、農林水産省『漁業センサス（2008）』から得られる基幹的漁業従事者の専業兼業別年齢別の販売金額別個人漁業経営体数の構成比を将来も一定と仮定し、2013-2028年の基幹的漁業従事者の専業兼業別年齢別の販売金額別個人漁業経営体数を求めた。

表2-6　海上作業従事日数別にみた基幹的漁業従事者が男性である個人漁業経営体数

		総数	30-89日	90-149日	150-199日	200-249日	250-299日	300日以上	延べ日数（千日）
2008年		106,746	19,026	27,678	23,034	20,013	11,598	5,396	17,805
2028年	現状維持	39,281 (36.8)	7,619 (40.0)	10,877 (39.3)	8,379 (36.4)	6,800 (34.0)	3,804 (32.8)	1,802 (33.4)	6,345 (35.6)
	楽観	53,287 (49.9)	10,209 (53.7)	14,617 (52.8)	11,387 (49.4)	9,340 (46.7)	5,254 (45.3)	2,480 (46.0)	8,650 (48.6)
	悲観	30,586 (28.7)	5,681 (29.9)	8,188 (29.6)	6,565 (28.5)	5,524 (27.6)	3,150 (27.2)	1,478 (27.4)	5,025 (28.2)

注1：現状維持、楽観、悲観は推計のシナリオの違いによるもの。詳細は本文を参照。
注2：カッコ内は2008年の値を100としたときの2028年の値。ただし、2008年の値は推定値。
注3：延べ日数は各カテゴリの中央値を利用して算出。ただし、300日以上は300として計算した値。
出所：農林水産省『漁業センサス（関係各年）』より作成。

表2-7　販売金額別にみた基幹的漁業従事者が男性である個人漁業経営体数

		総数	なし	100万円未満	100-300万円	300-500万円	500-800万円	800-1千万円	1千-1.5千万円	1.5千-2千万円	2千-5千万円	5千万円-1億円	1億円以上	延べ金額（億円）
2008年		106,746	743	32,321	22,409	16,499	11,559	6,045	6,351	3,555	5,351	1,469	444	7,400
2028年	現状維持	39,281 (36.8)	287 (38.6)	13,242 (41.0)	8,760 (39.1)	5,964 (36.1)	3,884 (33.6)	1,931 (31.9)	1,963 (30.9)	1,083 (30.5)	1,588 (29.7)	442 (30.1)	136 (30.7)	2,365 (32.0)
	楽観	53,287 (49.9)	386 (51.9)	17,690 (54.7)	11,772 (52.5)	8,109 (49.1)	5,348 (46.3)	2,681 (44.4)	2,740 (43.1)	1,519 (42.7)	2,235 (41.8)	618 (42.1)	190 (42.8)	3,281 (44.3)
	悲観	30,586 (28.7)	218 (29.3)	9,763 (30.2)	6,616 (29.5)	4,691 (28.4)	3,175 (27.5)	1,622 (26.8)	1,680 (26.4)	932 (26.2)	1,389 (25.9)	385 (26.2)	117 (26.4)	1,986 (26.8)

注1：現状維持、楽観、悲観は推計のシナリオの違いによるもの。詳細は本文を参照。
注2：カッコ内は2008年の値を100としたときの2028年の値。
注3：延べ金額は各カテゴリの中央値を利用して算出。ただし、1億円以上は2億円として計算した値。
出所：農林水産省『漁業センサス（関係各年）』より作成。

結果を整理したのが表2-6と表2-7である。ここでは、将来の漁業者は現状維持シナリオに沿ったものを中心にみていきたい。海上作業従事日数は、若い漁業者が相対的により多く減少するため、日数の多いカテゴリほど個人漁業経営体数は減る傾向にある（表2-6）。2008年の個人漁業経営体数を100とすると、250-299日に属する経営体数は2028年に32.8となったのに対し、30-80日に属する経営体数は2028年には40.0であった。全経営体の海上作業従事日数を合計した延べ日数は、2008年を100としたときの2028年の値は35.6であり、20年間で大幅に低下する。

販売金額についても基本的には海上作業従事日数と同様の傾向がみられる（表2-7）。2008年の個人漁業経営体数を100とすると、500万円以上に属する経営体は2028年にはおおむね30程度となるのに対し、500万円未満に属する経営体数は金額が少ないほど大きくなり、100万円未満に属する経営体は41.0であった。全経営体の販売金額を合計した延べ販売金額は、2008年を100としたときの2028年の値は32.0であり、延べ海上作業従事日数よりもさらに低下する。

5．今後想定される自営漁業の変化と政策課題

前章でみてきた漁業者数と漁業生産力の将来の見通しは、今後の漁業にどのような可能性があることを示すのであろうか。

延べ海上作業従事日数の大幅な減少は、全体としてみれば、漁場の利用が密な状態から粗の状態へと変化し、漁業資源に対する漁獲努力量が低下する可能性を意味する。したがって、長期的にみれば、漁業資源の回復が進み、漁業資源や漁場の利用を巡る漁業者間の競合は低下する可能性がある。そのため、利用されない漁業資源や漁場が新たに生じるため、従来とは異なる主体が漁業資源や漁場を利用する可能性が広がるかもしれない。あるいは個々の漁業者が漁業資源や漁場の利用を増やすことで、漁業経営の安定性や収益性が向上するかもしれない。

一方、延べ販売金額の減少は、一産業部門としての漁業がさらに縮小する

ことを意味する。これに伴い、漁業に関連する諸産業の成立が困難となれば、結果的に漁業自体の存続に負の影響をもたらすことが懸念される。とくに地理的な意味で小規模な経営体が分散した状態が強まると、例えば、産地市場の成立が困難となったり、日々の操業に必要な燃油や氷の供給コストが上昇したりといった事態が生じることで漁業の経営を維持することが難しくなることが予測される。さらには、身近な仲間が少ないことによって日々の操業における心理面や安全面で何らかの支障をきたす可能性も否定できない。

　以上の変化は、水産物供給にも負の影響を及ぼす可能性がある。販売金額の変化と漁業生産量の変化とを単純に結びつけることはできないが、販売金額に加えて海上作業従事日数の大幅な低下が見込まれる場合、漁業生産量もある程度低下すると考える方が妥当であろう。そうであれば、水産物に対する需要を賄うために、これまで以上に輸入への依存度が強まる可能性がある。もっとも、今後見込まれる人口減少と高齢化の進展や、若い世代での魚から肉への食嗜好の変化により、水産物に対する需要自体が低下することも考えられる。あるいは、日本国内の漁業生産構造が大きく変わり、より少数の企業的な経営体がこれまで自営漁業が担ってきた生産を肩代わりする可能性もある。

　いずれにせよ、近年の漁業者の年齢構造とその変化の趨勢は、今後の漁業者の減少と高齢化をもたらすかなり強い力を有しており、結果として将来の漁業生産力の大幅な低下をも引き起こしかねない。漁業者の高齢化が進んだ現在の漁業は、漁業者が再生産されないが故に、産業としての持続性が危ぶまれる段階に達しているのではないだろうか。

　漁業には、社会的にみて様々な機能があり[18]、なかでも食料供給機能、関連産業を含む就業機会の提供、適切な資源利用、といった機能は特に重要であると考えられる。これら機能が持続的に発揮されるためには、若年者の漁業への参入を促す仕組みを強化することがより重要となってくる。その仕組みについては、加瀬 (1988) が漁業制度と関連させて論じており、この点について筆者も異論はない。ただし、3 節でみたような漁家の世帯規模の縮小や漁家の世帯員の再生産機能の低下を鑑みれば、今後は、漁家出身者のみな

第 2 章　就業者の推移からみた自営漁業の生産力の将来見通しと政策課題　67

らず非漁家出身者にも漁業就業を促すことがこれまで以上に必要であろう[19]。また、そうした人々の受け皿として、法人化した経営組織を再評価し、増やしていく努力も必要かもしれない。

　これら漁業制度内部の対応に加え、社会政策[20]の再構築、すなわち、職業の如何にかかわらず、人々が家族を形成して子どもや老親を扶養し、自身が穏やかな高齢期を迎えることを保障する制度的な仕組みを改めて構築することも重要である。

　日本の社会政策は、これまで、高齢者を主たる対象とする医療や年金に重きが置かれてきた[21]。ただし、社会保険という仕組みの下にあるこれら医療や年金制度は、雇用形態などによって細分化され、個人が帰属する制度によって得られるサービスの水準が異なるという選別的なものであった。他方、医療や年金以外で社会政策に関わる領域については、近年少しずつ改善されつつあるとはいえ、これまでは主に企業や家族が担っていた。

　こうした日本の社会政策の中で、漁業者やその家族は十分な恩恵を得てきたとは言い難い。例えば、高齢の漁業者が十分な額の年金を得ているケースは多くないと推察されるが、そこには制度上の要因として、原則として国民年金に加入する漁業者の場合、事業者負担も含まれる厚生年金や共済年金に加入する雇用者に比べて年金額は低くなりやすい。また、親の所得が子の進学状況に影響している現状[22]では、所得水準が必ずしも高くない漁業者にとって、子の進学、さらには子の職業選択の幅は限定されやすい。

　社会政策の再構築は、漁業者やその家族に限らず、日本社会全体にとっても大きな課題である。近年の労働市場における不安定な雇用や失業の増加は、従来の終身雇用を前提として成り立っていた既存の社会政策の枠組みから外れ、家族形成や老後に不安を抱く人々を多数生み出している。したがって、漁業者やその家族を含めて人々が同等に保障される仕組みを作る必要がある。そうした社会政策の整備によって人々の間に存在する家族形成や老後への不安が解消されるのであれば、所得水準の産業間格差が多少存在するとしても、漁業が「妥当」な職業選択の1つと人々からみなされるようになり、若年漁業者の減少も緩やかな水準にとどまるであろう。さらに、こうした新

たな状況が作り出されることは、社会全体としてみたときの就業機会の拡大
や良好な労働市場の形成、地域社会の再生産にも資するであろう。

6．おわりに

　本研究では、最初に、男性の自営漁業就業者（漁業者）および、世帯と世
帯員を含めた個人漁業経営体（漁家）に焦点をあて、漁業者の数と年齢構造
の変化ならびに世帯の変化について整理した。次に、将来の漁業者の数や年
齢構造、ならびに海上作業従事日数別個人漁業経営体数と販売金額別個人漁
業経営体数を推計し、漁業生産力の今後の見通しを明らかにした。最後に、
今後想定される漁業の変化について論じ、今後とも漁業生産力をある程持続
的なものにするためには、若年者の漁業への参入を促す仕組みを強化する必
要があり、漁業制度内部での対応に加えて社会政策の整備を進めることの重
要性を述べた。

　本稿の最後に、今後の研究上の課題を挙げておく。1点目の課題は、将来
推計の方法の精緻化である。将来推計は、一種のシミュレーションであって、
推計モデルや仮定のあり方には様々な選択肢がありうる。本研究が採用した
のは比較的単純なモデルと仮定であったが、理論的妥当性を高めていくため
にも、更なる工夫が求められる。さらに、複数の異なるモデルを用いて推計
し、推計結果の妥当性について比較・評価するといったことも重要であろう。

　2点目の課題は、様々な指標について将来推計を行うことである。本研究
は男性の自営漁業就業者と海上作業日数別および販売金額別の個人漁業経営
体数のみ推計したが、例えば女性の漁業者、世帯人員、水産物消費といった
諸指標の推計も有用であろう。今回は漁業種類や経営規模、地域といった属
性は考慮していないが、それら属性別の推計も必要かもしれない。これら1
点目と2点目の作業を通じて、今後の漁業の可能性や問題を論じるための
基礎的な資料を提示することが可能になる。

　3点目の課題は、本研究とは異なったアプローチによる実証的な研究であ
る。集計データの分析からは自営漁業就業者が再生産されにくい状況が明ら

かになったが、かれらを支えてきた諸制度や、かれらを取り巻く地域社会に
いかなる変化が生じているのか、今後の日本漁業を担う主体がどのような形
で存在するのか、といった点について具体的に明らかにする必要がある。ま
たさらには、これらの作業を、日本漁業の将来に関する様々なシナリオの比
較・検討に繋げていくことも必要であろう。

参考文献

大谷誠「Iターン労働力の特質－島根県を事例として」『漁業経済研究』第55巻
　　第2号、2011年、p1-15。

大沢真理『現代日本の生活保障システム－座標とゆくえ』、岩波書店、2007年。

加瀬和俊『沿岸漁業の担い手と後継者－就業構造の現状と展望－』、成山堂書店、
　　1988年。

加瀬和俊「自営漁業者の存在形態－階層格差の根拠をめぐって－」『漁業経済研究』
　　第38巻第2号、1993年、p89-112。

加瀬和俊編『日本漁業の再編過程－第10次漁業センサス分析－』、農林統計協会、
　　2001年。

加瀬和俊編『わが国水産業の再編と新たな役割－2003年（第11次）漁業センサ
　　ス分析－』、農林統計協会、2006年。

小林雅之「高校生の進路選択の要因分析」、Crump Working Paper Series19、
　　2007年、p1-14。

武川正吾『福祉社会〔新版〕－包摂の社会政策』、有斐閣、2011年。

橘木俊詔『安心の社会保障改革』、東洋経済新報社、2010年。

藤村正司「大学進学に及ぼす学力・所得・貸与奨学金の効果」、Crump Working
　　Paper Series16、2007年、p1-25。

山内昌和「自営漁業就業者の再生産と将来見通しに関する人口学的検討－漁業セ
　　ンサスの大海区別データを基に－」『沿岸漁業における漁家世帯の就業動向に
　　関する実証的研究』東京水産振興会、2010年、p187-210。

山内昌和「社会経済的要因と人口学的要因からみた若年自営漁業就業者の減少」
　　『漁業経済研究』、第55巻第1号、2011年、p113-127。

Smith,S.K.,Tayman,J., and Swanson,D,A.2001. Stateand and Local Population
Projections :Methodology and Analysis. Kliuwer Academic/ Penum
Publishers:New York. 2001

[1] 総務省『国勢調査（2010）』によれば、2010 年の 15-64 歳人口に占める就業者の
割合は 70.2%である。

[2] 漁業依存度の高い地域として、ここでは便宜的に、総務省『国勢調査（2010）』で
漁業就業者割合が 1% 以上の 312 市区町村（福島県内の市町村を除く）とした。

[3] 主な研究は次の通りである。①加瀬(1988)②加瀬(1993)③加瀬(2001)④加瀬(2006)

[4] 図 2-1 は 2 つの時点の漁業者の数というストックのデータから作成したものであ
るため、ネットでの変化しか捉える事ができないという限界がある。より厳密に
議論するためには、年齢別に漁業に新たに参入する人や漁業をやめる（または 亡
くなる）人がどのくらい生じているのかが把握できるフローのデータが必要とな
るが、農林水産省『漁業センサス』と整合的なフローのデータは既存の官庁統計
では把握されていない。

[5] 農林水産省『漁業センサス』の漁業者の定義は、沿海市町村に居住し、過去 1 年
間に漁業の海上作業に年間 30 日以上従事した者である。なお、総務省『国勢調査』
の分類不能の産業については、年齢別に産業大分類別の分布に応じて按分し、各
産業の値に含めた。

[6] 林業については、近年の林業への就業ブームの影響があると考えられる。

[7] コーホート変化率 r(t-5 → t, x-5 → x) は、t 時点で年齢 x の就業者数を W(t, x) と 5
年前の就業者数 W(t-5, x-5) との比（ W(t, x)/W(t-5, x-5)）で表される。

[8] 漁業（自営）に比べて農林業で高い値を示すのは、農業については定年帰農など
と称される現象を反映していること、林業についてはとくに 2005-2010 年の林業
就業ブームの影響と考えられる。

[9] 2010 年の 60-64 歳ではなく 2005 年の 55-59 歳を対象としたのは、定年制の影響
に配慮したためである。

[10] 大海区別の自営漁業就業者の変化に関する詳細な検討は山内(2010)で実施した。

[11] 全国や大海区では 30-34 歳の漁業者について検討したが、漁業者が少ない漁業地
区が多いことに配慮し、34 歳以下の漁業者について検討した。

12 全国や大海区では期首時点で 30-34 歳の漁業者のコーホートでの変化を検討したが、漁業者が少ない漁業地区が多いことに配慮し、期首時点で 30-44 歳の漁業者のコーホートでの変化を検討した。

13 農林水産省『漁業センサス』で、1983 年を取り上げたのは、2008 年と比較可能な集計が表章されているもっとも古いものだからである。

14 統計の簡略化により農林水産省『漁業センサス（2008）』には比較可能な集計がないため、2003 年と比較した。

15 将来人口推計の方法は Smith et al.(2001) に詳しい。

16 65 歳以上については一括して推計した。

17 統計の簡略化により農林水産省『漁業センサス（2008）』には該当項目の集計がないため、比較可能な集計のうち直近の 2 回である 1988 年、1993 年の構成比を利用した。

18 漁業の社会的な機能は、例えば、水産業・漁村の多面的機能として整理されている。
http://www.jfa.maff.go.jp/j/kikaku/tamenteki/inquiry/03.html（2013 年 5 月 21 日時点）

19 I ターンの漁業就業者については、例えば大谷 (2011) の研究がある。

20 ここでの社会政策とは、武川 (2011) がいう「公共政策のうちで市民生活の安定や向上を直接の目的として策定されたり実施されたりする」政策を念頭に置いている。

21 主に参考にしたのは以下である。①大沢 (2007)、②橘木 (2010)。

22 例えば、東京大学大学院教育学研究科大学経営・政策研究センターの実施した「高校生の進路追跡調査」を用いた以下の論文で指摘されている。①藤村 (2007)、②小林 (2007)。

第3章　高齢漁業者のライフコース

大谷　誠

1.　はじめに

　我が国の沿岸域における漁家漁業は、地域による多様性を示しつつ、老若男女がそれぞれの適性に応じて役割分担する論理にもとづいて、各漁家が保有している世帯内の労働力を分配しながら生計を立てている。また、各地域漁業の就業構造にも、世代間の相互作用の影響が少なからず存在している。そして、高齢漁業者[1]は、このような就業構造の中で一翼を担う労働力として存在しているものとして捉えられてきた。

　しかし、農林水産省『漁業センサス (2008)』によると、男子漁業就業者の 33.7％が 65 歳以上である一方、35 歳未満は 11.9％にとどまり、個人経営体の 81.8％が後継者不在である。このような高齢化と後継者不在の進行により、漁家や地域漁業の就業構造は少なからず変容していると考えられる。また、世代間の役割分担は、「老」が増加し「若」が減少することで、変化が生じている可能性がある。このことから、高齢漁業者の就業環境や生活環境は、世代構成のバランスの変化による影響を受けていると考えられる。このため、高齢漁業者の実像に接近するために、漁家や地域漁業の就業構造の今日的な特徴を確認する必要がある。そして、今日の就業構造が高齢漁業者の就業環境や生活環境にどのような影響を与えているのかを明らかにして、高齢漁業者の存在形態に接近する必要がある。

　また、就業構造の既存研究は、若年者の漁業加入の推進に資することを目的としたものが多いことから、高齢漁業者を取り巻く就業構造については十分に把握されていると言い難い状況にある。とくに漁家漁業を廃業した後の就業環境や生活環境は明らかでない部分が多い。しかし、例えば廃業後の所得機会が確保されている場合といない場合では、漁家漁業の廃業時期の判断

が異なるなど、廃業後の環境は高齢漁業者の存在形態に少なからず影響を及ぼしているはずである。このため、高齢漁業者の実像に迫るためには、漁家漁業廃業の前後までライフコースを追跡して、就業及び生活環境を捉えることも必要になるはずである。

　本稿では、これらの課題を踏まえて今日の高齢漁業者のライフコースに合わせた以下の視点から実像に接近したいと考える。第1に、自営漁業者が壮年期から高齢期にいたるまでの存在形態の変化とその論理を把握する。とくに近年は、後継者不在の漁家世帯が増加していることから、多くの自営漁業者が夫婦のみの世帯として存在している。このため、高齢漁業者の存在形態の今日的特徴を明確化するために、後継者の有無による自営漁業者の就業環境や生活環境の相違点を把握し、ライフステージごとに受ける後継者不在の影響を明らかにする。

　第2に、後継者不在の自営漁業者を中心として、高齢期から漁家を廃業するまでの過程における存在形態を把握する。この時期は、高齢漁業者の肉体的な衰えが進行し労働強度の軽減の要求が顕著となることから、この要求を満たすための対応が漁家漁業においてなされることになる。この過程における高齢漁業者の日々の営漁や操業日数、漁獲金額の変化を把握し、漁家を廃業し漁業退出が間近の高齢漁業者の実態を明らかにする。

　第3に、漁家を廃業した後の高齢漁業者の存在形態を把握する。なお、この場合は漁業者ではなくなるが、本稿では便宜上、高齢漁業者と表現する。後継者不在で漁家を廃業した高齢漁業者は、生活設計するために自身の漁家漁業以外の就業機会や何らかの所得機会への要求が高まると考えられる。このため、本稿では考えられる就業機会のうち、地域漁業の陸上労働市場における就業機会の確保の現状を把握する。また、高齢漁業者への就業機会及び所得機会の確保に向けて実施されている支援対策の内容や機能を把握する。そして、これらの陸上労働市場や支援対策の高齢漁業者への影響を明らかにしたい。

　本稿では、これらの視点から漁家や地域漁業における就業構造の全体像を明らかにした上で、今日の就業構造下における高齢漁業者の存在形態の特徴

を把握する。以下、2.では後継者の有無によって漁家の階層分化が進行する事象について論じ、3.では漁家漁業を廃業する過程における営漁形態の変化について述べる。4.では廃業後の年金制度について解説し、5.ではまとめとして高齢漁業者の今日的特徴である老後リスクの存在について問題提起する。なお、就業構造は地域によって多様であり、高齢漁業者の存在形態も個々によって事情が異なる。しかし、本稿では高齢漁業者の存在形態の一般的なパターンを模式的に示しつつ全体的な傾向を把握することに努める。地域的・事例的な研究を推進し、より詳細に高齢漁業者の存在形態を明らかにしていくことは今後の課題としたい。

2. 後継者の有無と存在形態の関係

(1) 就業形態の今日的傾向

　農林水産省『漁業センサス (2008)』において、個人経営体の経営主の年齢構成を把握すると、経営主の総数 108,126 人のうち、65 歳以上が52,135 人と 48.2％を占めている。さらに、図 3-1 に経営主が 65 歳以上の経営体について、漁業従事世帯員の構成別の経営体数を示した。これをみると、高齢漁業者が経営主の場合、本人のみ (漁業従事世帯員なし) で営漁する経営体が半数近くに達し、さらに漁業従事世帯員が女性 1 人という高齢者夫婦による営漁とみられる経営体が 3 割ほど存在している。つまり、高齢漁業者の 8 割以上は本人のみか夫婦によって営漁している。また、同様のデータにおいて、若壮年の後継者に代替わりした後で漁業従事し続けているとみられる 65 歳以上の漁業従事世帯員は 5,652 人ととどまっている。これらを総合すると、多くの高齢漁業者は後継者不在の個人経営体の経営主として、本人または夫婦のみを労働力とした小規模な漁家漁業を営んでいることを示している。従来、漁家漁業は家業として各世帯員の役割分担によって営漁することが一般的とされ、高齢漁業者も世帯内労働力の 1 人として捉えられてきた。しかし、後継者不在が進行する今日、このような捉え方は一

76

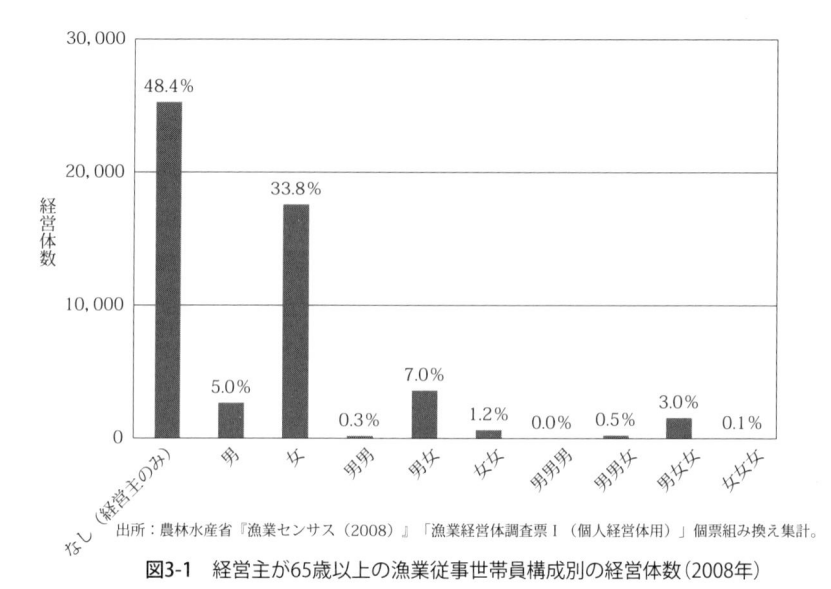

出所：農林水産省『漁業センサス（2008）』「漁業経営体調査票Ⅰ（個人経営体用）」個票組み換え集計。

図3-1　経営主が65歳以上の漁業従事世帯員構成別の経営体数（2008年）

般的とはいえない状況にあると考えられる。

(2) 後継者の有無が自営漁業者に与える影響

　前節のような状況下において、高齢漁業者の今日的特徴を明確化するためには、後継者不在の進行によって存在形態がどのように変化しているのかを明らかにすることが必要である。このため、まず自営漁業者のライフコースに沿って、後継者の有無によってどのような影響を受けているのかを整理する。ただし、漁家漁業は地域や漁家単位で様々であることから、本稿では漁家世帯の一般的なパターンの営漁形態を模式的に示し、後継者の有無の影響を理論的に考える。

　第1に、自営漁業者が壮年期の影響についてである。後継者が存在する世帯では、子が漁業に加入することで、親子協業体制が形成される。この協業体制時に労働能力と意欲の高い子が加わることで、漁家漁業に投入する労働力を増強し操業効率を向上させる可能性が生じる。一方、後継者不在の世

帯は、投入できる労働力を増強できず、かつ経営も現状維持となる。このため、多くの地域では、後継者の有無によって各漁家の階層分化が進行する事象が看取されている。

第2に、加齢により労働強度の軽減の要求が生まれる高齢初期の影響についてである。労働強度の軽減は、まず海上作業への従事を減らすことで図られることが一般的であるため、後継者が存在する世帯では、子が海上労働部門を中心的に担い、父は海上労働部門に補助的に従事しつつ漁具補修や出荷作業などの陸上労働部門の比重を高める役割移行がなされる。一方、後継者不在の世帯は、本人の海上労働部門への従事の減少によって、操業日数の減少や操業効率が低下し、漁家所得が漸減すると考えられる。

第3に、より加齢して海上作業が不可能となる高齢後期の影響についてである。後継者が存在する世帯は、子の単身操業化が図られるとともに、父は子の営漁活動から派生する陸上労働部門に特化する役割移行がなされる。また、漁家の漁業所得は子によって維持されるため、子から父へ経済的支援が行われるとともに、必要に応じて介護などの非経済的支援もなされる。一方、後継者不在の場合、海上労働部門を担う労働力がなくなるため、漁家漁業の廃業が選択されることになる。さらに、後継者が存在する世帯のような漁家漁業から供給される陸上作業も、漁家を廃業したことにより存在しなくなる。このため、高齢漁業者は、新たに就業機会を求める場合は漁家外部に要求する必要が生じる。また、漁家漁業の所得がなくなることから、何らかの所得機会を要求することが必要になると考えられる。

(3) 後継者の有無による存在形態の相違性

このように、自営漁業者はライフコースの各々の時点で後継者が存在するか否かによって行動論理が相違する特徴を有している。そして、この特徴によって高齢漁業者の存在形態は相違することになる。すなわち、後継者が存在する世帯は、子の漁業加入により投下労働力を増強できることから漁家として上向化が可能である。また、高齢漁業者 (父) も漁家内部の役割移行によって加齢に応じた労働強度の軽減が可能である。さらに、世帯としていわ

ゆる世帯重複モデル[2]が健在であるため、子による経済的・非経済的支援を受けやすい環境にある。つまり、後継者が存在する高齢漁業者は、漁家漁業が家業として再生産される中で、世帯内部の役割分担や相互扶助の論理下で存在しているのである。このため、今日の漁家漁業の経営不振や上向化の困難性を考慮する必要はあるものの、比較的安定した老後が可能な存在形態と考えられる。

　一方、後継者不在の世帯は、投下可能な労働力が本人のみであり、かつ自身の加齢による肉体的な衰えに対応した営漁が要求されるため、漁家として相対的に下層に位置づけられたり、漁家所得が漸減したりする傾向が存在する。そして、自身が海上労働部門を担えなくなると漁家を廃業せざるを得ない状況に直面する。このため、漁家世帯外部の就業機会や何らかの所得機会への要求が高まると考えられる。つまり、後継者不在の高齢漁業者は壮年期から漁家漁業の営漁においてマイナスに作用する影響を受けはじめている。そして、高齢期あるいは漁家廃業後は、後継者が存在する高齢漁業者が世帯の論理下で存在することと比べて、生活設計を可能とする就業機会や所得機会を確保するための個人の対応が必要になると考えられる。

３．漁家廃業過程における存在形態

　本節では、自営漁業者が高齢期から漁家漁業を廃業するまでの過程にある時期に焦点を当てて、この時期における高齢漁業者の存在形態を把握したい。とくに先述したように後継者不在で漁家漁業を営漁するために個人対応が必要になる高齢漁業者を中心に捉えてみたい。

(1) 営漁する漁業種類の傾向

　まず、高齢漁業者が営漁している漁業種類の傾向を確認する。図 3-2 に各年齢層に占める主とする漁業種類別の経営体割合を示した。これをみると、年齢が上がるに従って、その他の釣とその他刺網、採貝・採藻の割合が高まる一方、小型底びき網や船びき網の割合は低下している。このことは、自営

第3章　高齢漁業者のライフコース　79

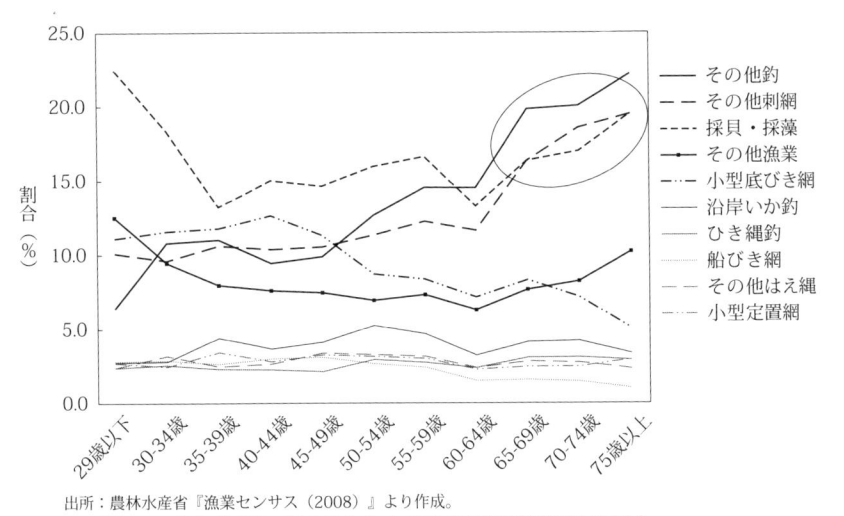

出所：農林水産省『漁業センサス（2008）』より作成。

図3-2　各年齢層に占める主とする漁業種類別経営体の割合

漁業者には加齢によって漁業種類を変化させる動きが存在することを示している。また、割合が高まる漁業種類を見ると、甲板作業の労働強度が高くなく、漁場の近距離化などで労働強度の軽減が可能である特徴を有している。つまり、加齢による肉体的な衰えが進行する高齢漁業者は労働強度の軽減する要求が高まり、この要求を満たすために営漁しやすい漁業種類が存在するため、若壮年期から営漁する漁業種類が高齢期でも営漁しやすい者はそのまま継続的に営漁する一方、高齢になると営漁しにくい漁業種類を営む者は漁業種類を移行させることによるものと考えられる。

(2) 漁家廃業過程の就業実態

　先に示した営漁する漁業種類の傾向から、自営漁業者の加齢が進行した場合の動向は、若壮年期から同一の漁業種類を営漁し続けてこの中で自身の肉体的な衰えとともに労働強度を軽減させていく者と、若壮年期とは別の労働強度の軽減が可能な漁業種類へ移行する者に整理できる。これらの就業実態として、まず前者は、1本釣やひき縄などで漁場の近距離化による操業時間の短縮を図る動きが一般的に看取されている。また、刺網やはえ縄などでは

80

漁具数の減少や小規模化によって、甲板作業の労働強度の軽減を図る動きも看取されている。加えて、刺網や小型底びき網では入網回数を減少させることで、同様に労働強度の軽減を図る者も存在するなど、漁業種類の特性による対応がなされている。また、共通することとして、操業日数を減少させる動きが看取される。例えば、好漁期を中心に出漁する者や天候が良い時のみ出漁する者、体調が良いときに出漁する者など、個々人の意向や周辺事情によって出漁日数の減少が図られている。図3-3に年齢別販売金額別の経営体数と300万円未満の経営体割合を示した。これをみると、50歳代から販売金額が300万円未満の経営体の割合が高まり、65-69歳階層で57.3%、70-74歳で65.5%、75歳以上では79.8%と上昇している。高齢漁業者の労働強度を軽減させる動向は、図3-3のように所得の漸減傾向を引き起こしていると考えられる。

　次に、漁業種類を移行する動向を示す高齢漁業者についてである。この部分で、着目したい点は移行するための条件についてである。移行できなければ、高齢漁業者は営漁しにくい漁業種類を過重労働や高リスク操業で継続す

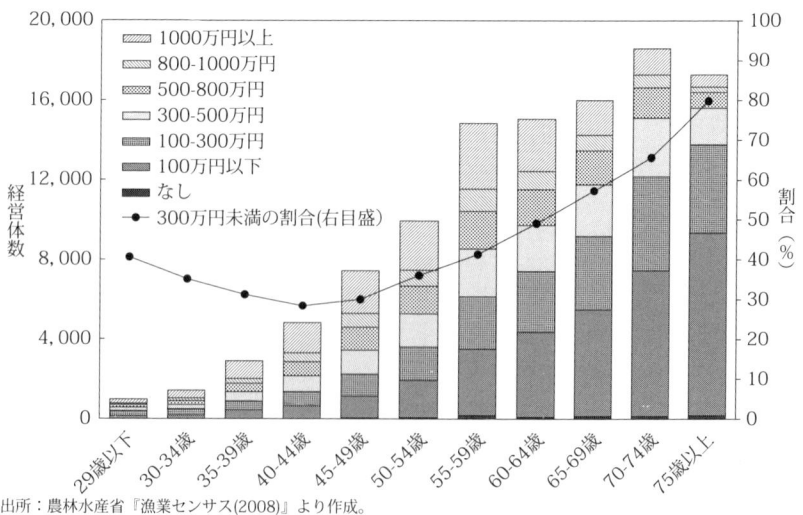

出所：農林水産省『漁業センサス(2008)』より作成。

図3-3　年齢別販売金額別の経営体数と割合

るか、早期の漁家漁業廃業が選択されやすくなるため、存在形態に影響が
生じると考えられるためである。漁業種類の移行の条件を抽出すると、第1
に、当然ながら地域漁業に高齢漁業者に向いた漁業種類が存在することであ
る。このため、各地域の漁業構造によって、高齢漁業者の漁家漁業の継続可
能性は左右されることになる。第2に、新たな漁業資材を確保するための
資金調達が求められることから、高齢漁業者自身の資金調達能力や漁協によ
るサポートが必要となる。ただし、漁家としての発展的な移行ではなく、自
身の加齢に合わせた縮小的な移行であるため、比較的低コストの移行である。
このため、高齢漁業者に向いた漁業種類の特徴として、低コスト型漁業であ
るという見方を加えることもできる。第3に、移行する漁業種類を営漁す
るための権利・許可の取得である。漁業就業者が減少し漁業の許可や権利に
空きが生じている一方、高齢化によって高齢漁業者が営漁しやすい漁業に集
中することも考えられる。このため、漁協が地域の営漁計画を踏まえて、組
合員間の調整機能を発揮することが必要となる。第4に、移行する漁業種
類の技術的なノウハウやスキルの獲得である。この部分では、漁業就業者間
の情報伝達機能などが必要となるだろう。つまり、高齢漁業者が加齢に応じ
て漁業種類を移行するためには、地域における漁業構造と資金・権利許可・
技術などの地域漁業の調整機能が必要になると考えられる。そして移行後は、
同一の漁業種類を継続する者と同様に労働強度の軽減が図られていくことに
なる。

(3) 漁家廃業による存在形態への影響

　以上のように、後継者不在の高齢漁業者は、漁家廃業過程において自身の
加齢による肉体的な衰えに対応するための論理にもとづいた動向を示してい
る。また、この論理を満たすために営漁しやすい漁業種類を選択し集中する
動向が看取されている。そして、選択された漁業種類を営漁しながら、操業
日数や漁獲努力量の削減によって労働強度の軽減が図られており、この結果
として漁業所得の漸減傾向が生じているといえる。このように、高齢漁業者
は漁業退出過程において緩やかに営漁形態を変化させ、最終的に漁家を廃業

82

し漁業退出を選択すると考えられる。

　漁家を廃業し漁業退出する年齢時期については、加瀬 (2006) が自営漁業者は 75 歳までに半数が退出するとの分析結果を示している。従来から、自営漁業者には死ぬまで漁業を続けたい意向が存在することが多く指摘されている。しかし、加瀬が示した退出年齢は、平均寿命と比較して必ずしもすべての自営漁業者が死ぬまで漁業を続けている訳では無いことを示している。漁家廃業した高齢漁業者の就業環境や生活環境は次章で把握するが、これまでの結果からは、漁家廃業によって漁家世帯における海上労働部門及び陸上労働部門の両面の就業機会を失うこと、さらに世帯として子による所得確保がないため、新たな所得機会の要求が高まることといった変化が生じると考えられる。つまり、高齢漁業者は漁家廃業後に生活設計するための就業機会や所得機会の見直しを迫られるのである。このことは、高齢漁業者は漁家廃業前と比較して、漁家廃業後に就業及び生活環境の両面で大きな変化が生じる可能性があることが示唆される。

4.　漁家廃業後の存在形態

　次に、漁家を廃業した後の高齢漁業者の就業環境や生活環境の把握に努めたい。この時期の高齢漁業者は、漁業就業者としても漁家世帯としても各種統計から外れる者が多いため、就業環境や生活環境については不明な部分が多い。このため、本稿では就業機会や所得機会として重要度が高いと考えられる部門として以下を抽出して現状把握に努める。まず就業機会として、地域漁業の陸上労働市場における就業機会を考える。これは、漁家を廃業した高齢漁業者は、先述したように後継者不在のため自身の漁家世帯から供給される陸上作業が存在しないことから、地域漁業の陸上労働市場への就業機会の要求度が高まると考えられるためである。次に、行政や漁協による高齢漁業者に対する所得機会や就業機会の支援対策[3]を考える。

(1) 地域漁業の陸上労働市場の現状

　高齢漁業者の就業機会としての地域漁業の陸上労働市場の現状を把握する。この労働市場には多くの就業機会が存在するが、本稿では市場全体を概観しつつ、本市場において高齢漁業者が直面する就業環境の今日的特徴を考えることにする。

　地域漁業の陸上労働市場は、漁業関連産業として規模の大きな漁家漁業や雇用型漁業から生じる漁具補修作業や仕掛準備作業、漁獲物の選別作業や出荷作業、加工作業などが存在する。また漁業外の産業として、農業や観光業、海運業、建設業などが主に展開されている。そしてこの労働市場内には、漁業の盛漁期や農業の収穫期、観光業の繁忙期など季節限定的に臨時の労働力を要求する部分が存在する。一方、漁家廃業している高齢漁業者の多くは、比較的時間の融通が利く立場にあることから、臨時の労働力として地域漁業を支える機能を有している。このような、地域漁業における需要と供給が一致したところに、高齢漁業者の陸上労働市場は展開されていると考えられる。このような労働市場において、若壮年者が減少し高齢漁業者が増加する影響を考えてみたい。まず担い手である若壮年者の減少によって地域漁業が縮小した場合、これらの漁業から供給される陸上作業も減少傾向となる。例えば、漁獲量の減少により漁獲物の選別作業や加工作業が減少したり、雇用型漁業が倒産したため漁具補修作業や仕掛準備作業が消滅したりといった事象である。また、漁業外産業においても縮小傾向が続いている。具体的には、農業の輸入物との競合による縮小や公共事業削減による建設業の不振、経済情勢の悪化による観光業の伸び悩みなどである。このため、地域漁業において漁業内外の産業から供給される陸上労働の就業機会は減少傾向となっていると考えられる。一方、高齢漁業者は増加傾向にある上に、後継者不在の進行により地域漁業の陸上労働市場へ就業機会を要求する必要性が高まっている。つまり、地域漁業の構成員の年齢構成が変化したため、地域漁業に展開される陸上労働市場の需給バランスも崩れ、結果としてこの市場における高齢漁

業者の就業機会の確保が困難な方向へ進んでいる可能性がある。このことから、高齢漁業者の漁家漁業廃業後の地域漁業の陸上労働部門への移行は、円滑に行われにくい状況にあるとみられる。

(2) 高齢漁業者への支援対策の現状

　次に、高齢漁業者に対する支援対策の現状を把握して整理する。高齢漁業者への支援対策は2つに区分することができる。1つは、高齢漁業者に対して所得の支援を行うものである。具体的には、自営漁業者を対象とした年金等の社会保障制度や、漁協が各漁業者の水揚金額の一部を貯蓄し組合脱退時に支給する退職金制度などが該当する。もう1つは、高齢漁業者に対して漁業就業機会の確保に向けた支援を行うものである。具体的には、漁協が自営の定置網漁業において高齢漁業者を優先的に雇用したり、行政が高齢漁業者の営漁しやすいキジハタなど地先資源の種苗放流に着手したりする動きが看取される。本稿では、前者の例として自営漁業者を対象とした年金制度と、後者の例として漁協による自営定置への高齢漁業者の優先雇用を取り上げることで、高齢漁業者への影響を確認する。

①自営漁業者の年金制度

　自営漁業者を対象とした年金は、国民年金を基礎として漁業者の団体年金制度である漁業者老齢福祉共済 (通称：漁業者ねんきん) と国民年金の職能型基金である漁業者国民年金基金 (通称：なぎさ年金) が存在する。つまり、自営漁業者の年金制度は、国民年金とそれに上乗せするなぎさ年金が2階建てで存在し、これと別に漁業者ねんきんが存在するという概要である。漁業者ねんきんは、1981年に新設され、対象者は20歳から64歳の漁業者とその家族である。基本年金額は、モデルによって異なるが30歳で加入し65歳で支給開始の定額終身年金コースの場合、掛金が8,100円/月で支給額が2万円/月である。なぎさ年金は、1991年に発足し、対象者は25歳から59歳までの漁業に従事する国民年金加入者である。基本年金額は、これもモデルにより異なるがA型とⅠ型に30歳で加入した場合、60歳まで掛金を16,140円/月支払い、5年間の据置期間を経て65歳からの支給額

が4万円/月である。これらによって、自営漁業者の夫婦が満額で年金受給した場合、漁業者ねんきんが約4万円/月、なぎさ年金が約8万円/月、国民年金が約13万円/月で合計約25万円/月となり、家計調査年報による65歳以上夫婦の1ヶ月間の平均生活費である約28万円に近づける設計がなされている[4]。

次に、これら年金の加入動向を把握する。図3-4に漁業者ねんきんとなぎさ年金の加入件数を示した。漁業者ねんきんは、新設後に系統団体の加入促

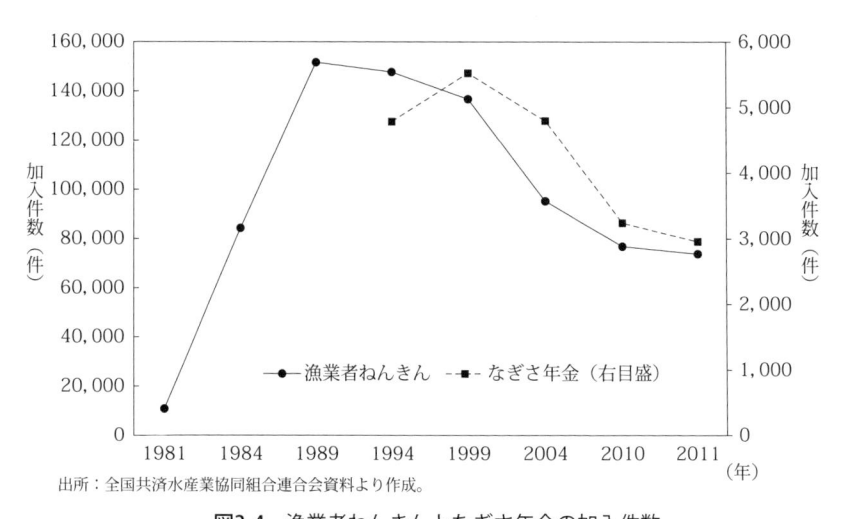

出所：全国共済水産業協同組合連合会資料より作成。

図3-4　漁業者ねんきんとなぎさ年金の加入件数

表3-1　長期共済の加入件数と金額（2007年度）

		件数	金額（万円）
保険	普通厚生共済	310,201	197,530,093
	生活総合共済	90,460	102,510,670
年金	漁業者ねんきん	85,808	476,864
	なぎさ年金	4,043	

出所：全国共済水産業協同組合連合会資料より作成。

進運動によって加入件数が伸びたもののその後は伸び悩み、さらに 2000 年と 2006 年に運用比率の見直し (支給額の引き下げ) が実施された影響から加入件数は減少傾向にある。一方のなぎさ年金は、国民年金への加入が必要なことや任意脱退しにくい規則であることから、発足当時から加入件数が伸び悩み、現在の加入件数は 3 千件弱にとどまる。このことから、自営漁業者を対象とした年金は、加入者が少ない状況にあることが明らかである[5]。

　加入が少ない要因としては、第 1 に漁業者の意識の問題がある。すなわち、自営漁業者には年金制度に加入することが習慣化されにくい傾向が存在する。この傾向は、自営漁業者には定年がないことから、漁業者自身が人生設計において漁業所得があり続ける計算をしやすいこと。さらに漁業は不測の事故が生じやすいため、年金より保険を重視することにより生じている。表 3-1 に長期共済の加入件数と金額を示したが、漁業者ねんきんやなぎさ年金といった年金に類するものと比較して、怪我や病気等の生活上の危険を保障する普通厚生共済や、自然災害等による家財存在を保障する生活総合共済といった保険に類する共済で加入件数と金額が大きい。第 2 に、制度の運用上の問題がある。年金制度の運営には、掛金を支払う若壮年者と支給を受ける高齢者とのバランスが大切である。しかし、漁業者ねんきんの内訳をみると、掛金支払件数が約 4.9 万件、同金額が 26.1 億円である一方、年金受給件数は約 3.6 万件、同金額が 21.2 億円となっている。都道府県別にみると、14 の県で掛金支払件数より年金受給件数が上回っている。このように、若壮年者の減少と高齢者の増加の影響によって、掛金を支払う側と受給する側のアンバランスが生じているため、制度を維持するために先述した運用比率の見直しを 2 回実施せざるを得ない状況となっている。そして、この見直しによって、年金制度の利用価値が低下すると共に、制度に対する信頼を失いつつある。第 3 に、漁協の指導体制の問題がある。自営漁業者への年金加入の普及促進は、若壮年時からの長期的な視点に立った人生設計を促すことが必要になる。しかし、漁協合併による合理化が推進される今日、各支店で職員が減少したり移動したりするため漁協職員と漁業者との関係が薄くなり、個人の長期的な人生設計まで指導できない現状がある。

このように、多くの高齢漁業者は年金の加入が十分ではない現状が存在している。なお、自営漁業者の国民年金の加入動向は、データが得られないため不明である。ただ現地調査などでは、未加入である者や満額支給を得られない者の存在が看取されることも少なくない。いずれにせよ、多くの高齢漁業者は、夫婦で国民年金の13万円程度か、それ以下の受給金額である実態が存在する。つまり、自営漁業者の年金制度は、老後の生活設計を可能にする制度設計はなされているものの、加入者が少数にとどまる問題を有しているため、機能が十分に発揮されていると言い難い現状にあるとみられる。

②漁協自営定置への優先雇用

次に、漁業就業機会の確保に類する支援対策として、漁協が高齢漁業者を自営定置へ優先的に雇用する動きを取り上げる。漁協自営定置は、漁協が地域漁業の中で定置網漁業をどのように位置づけているかによって、雇用のあり方が異なってくる。例えば、定置網を地域漁業あるいは漁協事業の基幹として位置づけている漁協では、経験者など能力優先の雇用が図られることがある。また若年者の確保のために利用したい漁協では、若年者を漁家漁業の兼業として従事させて所得補助としたり、父を雇用して世帯総所得を高めさせたりしている。あるいは、地域漁業のセーフティネットとして利用し、漁船故障や怪我によって漁家経営が悪化した者を優先雇用する漁協も存在する。この中で、近年は漁協が高齢漁業者の就業機会と位置づけて優先雇用する動きがみられる。定置網漁業は、漁業種類の中では比較的海上作業の労働強度が高くないことから、単身で漁家漁業を営漁することが不可能になった高齢漁業者の漁業就業機会となりうるためである。そして山口県の越ヶ浜地域のように、定置網への就業を希望する高齢漁業者が多く、順番待ちをしている事例も看取されるようになっている。

このような動きが出現した要因は、高齢漁業者の事情として、自身による漁家漁業の継続が困難となっても、陸上労働市場が縮小傾向にあることや年金受給額が低水準であることから、地域漁業内の漁業就業を求める状況が生じている。一方、漁協の事情として、若壮年者が減少する中で、漁協事業を維持するために高齢漁業者へ依存せざるを得ない状況が生じている。つまり、

地域漁業の高齢化時代において高齢漁業者と漁協の事情が一致したところに
生じている動きと考えられる。この動きは、高齢化への対応としての肯定的
な評価と、将来展望を欠くとして否定的な評価があるだろう。いずれにせよ、
今日の高齢漁業者の就業構造において、高齢漁業者に対して漁業就業機会を
提供する支援対策が出現していること、そして高齢漁業者の存在形態におい
て漁業就業の長期化に作用することを確認しておきたい。

5．おわりに

(1) 高齢漁業者の就業構造の今日的特徴

　後継者不在が進行する高齢漁業者のライフコースを概観した結果から今日
の高齢漁業者を取り巻く就業構造を整理する。若年者の減少と高齢漁業者の
増加による世代構成のアンバランスは、従来から漁家世帯や地域漁業に存在
した世代間の役割分担機能や相互扶助機能の低下に作用している。そして、
高齢漁業者の存在形態に少なからず影響を及ぼしている実態がある。具体的
には、①漁家の後継者不在によって、高齢漁業者は世帯内での海上労働部門
の中心的役割から補助的役割、さらに陸上労働部門へといった加齢に伴う役
割移行が困難になる。②親子間の相互扶助機能が失われたため、子からの経
済的・非経済的な支援が減少する。③地域漁業の担い手である若壮年者が減
少することで、地域漁業や漁村経済全体が縮小しているため陸上労働市場が
縮小傾向にある。このため、この市場内で季節限定の臨時労働力として需要
があった高齢漁業者は、就業機会が減少する。④自営漁業者を対象とした年
金制度が十分に機能していないため、高齢漁業者は漁業退出による所得減少
を補完代替するための所得機会が乏しい。

　つまり、後継者不在の高齢漁業者は、漁家世帯において子から供給されて
いた就業機会や経済的・非経済的支援が減少するため、これらを漁家世帯の
外部に要求する必要が生じている。しかし、漁家の外部では地域漁業の陸上
労働市場の縮小や年金制度の機能不全が進行しているため、就業機会や所得
機会を十分に得られない傾向がある。このため、今日の高齢漁業者の就業構

造は、加齢に対応した移行が必ずしもスムーズに行える状況になく、結果として高齢漁業者個人による漁家漁業の継続性に依存せざるを得ない状況にあると考えられる。従来から、漁業者は漁業が好きであり、生きがいとして漁業を継続していることが指摘されている。実際に、このような高齢漁業者は少なからず存在し続けているため、現在でも同様に評価されてよいことである。しかし、本稿で新たに指摘したいことは、漁家漁業の継続性は、高齢漁業者の意識だけでなく、高齢漁業者を取り巻く環境も影響しているということである。加齢によって生じる漁家漁業の所得の漸減を補完できる陸上労働市場の就業機会や年金による所得機会が必ずしも十分でないことから、高齢漁業者は老後の生活設計のために可能な限り漁家漁業を継続することが要求される環境下にあるのである。つまり、高齢漁業者の中には、好きで漁業を続けている者だけでなく、生きていくための必要に迫られて漁業を続けている者も存在するのである。後者の高齢漁業者は、自身による漁家漁業における各種の労働強度の軽減策や営漁しやすい漁業種類への移行といった対応、あるいは漁協の自営定置への優先雇用などの漁業就業機会の確保策によって、老後の生活設計を図っている現状にある。

(2) 高齢漁業者の存在形態の今日的特徴

　このような就業構造下において、高齢漁業者の存在形態は2つに区分して理解する必要があると考えられる。1つは、自らの積極的な選択によって漁家漁業を継続する高齢漁業者である。この場合、従来のように漁業は高齢者が自立可能な産業、高齢者に優しい産業として肯定的に評価されてよいだろう。もう1つは、消極的な選択によって漁家漁業に滞留せざるを得ない高齢漁業者である。具体的には、自身の肉体的な衰えや病気怪我、あるいは労働強度が高い漁業種類しか営漁できない地域的事情などによって漁家漁業を廃業したいにもかかわらず、その後の就業機会や所得機会が乏しいという理由から漁家漁業を継続せざるを得ない場合である。この場合、高齢漁業者の低所得・過重労働・高リスクの営漁を引き起こす危険性があるし、漁家漁業の廃業によって生活困窮者や生活保護者が出現することも危惧される。ま

た、若年者に老後不安を生じさせることで、職業としての漁業選択へマイナスに作用する影響も懸念される。さらに、地域漁業における世代交代の円滑化への悪影響も考えられる。つまり、産業として必ずしも健全でない状況が生じる危険性があると考えられる。このことから、高齢漁業者の漁家漁業の継続は、従来のように積極的な就業の結果として肯定的に評価するだけでなく、消極的に滞留する場合も出現する危険性があることに目配りする必要があると考えられる。漁家廃業後の環境も含めて加齢に応じたスムーズな移行が困難な今日の就業構造は、自営漁業者における老後リスクを顕在化させる方向に作用する危険性があることを認識する必要がある。

　これらのことから、老後リスクを軽減するために、高齢漁業者の就業構造で生じている加齢に応じた就業機会や所得機会の脆弱性を改善することが求められている。このため、漁業者の年齢構成のバランスを是正し、従来の就業構造に存在した世代間の役割分担や相互扶助機能を回復させることが不可欠であろう。また、自営漁業者の年金制度などの社会保障の機能向上も求められてくる。さらに、漁協の指導体制の見直しや漁業者自身の意識改革によって、自営漁業者に将来リスクを含めた人生設計を促すことも必要になるだろう。

参考文献

加瀬和俊、『わが国水産業の再編と新たな役割－ 2003 年漁業センサス分析』、農林統計協会、2006 年。

[1] 本稿では、多くの産業で定年となる 65 歳以上の沿岸で漁家漁業を営む男子自営漁業者を高齢漁業者とする。

[2] 各世代が子ども、現役、引退の 3 期間生きるとして、現役の親が子どもを経済支援し、引退した親を現役の親が経済支援するモデル

[3] 後継者が存在する高齢漁業者は漁家世帯内における親子間の相互扶助に支えられることが多く、後継者不在の場合は社会的な支援への依存度が高まると考えられるためである。

[4] これらの年金制度が新設された当時は、65 歳以上夫婦の 1 ヶ月間の平均生活費は

25 万円であったため、この水準に合わせた制度設計がなされた。

5 例えば、山口県の自営漁業者の加入割合は、漁業者ねんきんが 17.2%、なぎさ年金が 0.3%と低水準である。

第4章　日本漁業における高齢漁業者の生産力と役割

工藤　貴史

1.　はじめに

　漁業者の高齢化は、1980年代半ばから指摘されてきたが、これは戦後から日本漁業の中心的な担い手であった昭和一桁生まれ世代（1926-1934年生まれ）が加齢していく過程であったといえる。そして、今日この世代は漁業から引退する年齢に達しており、日本漁業はこれまでとは異なる局面を迎えようとしている。

　それは第1に、漁業者数の急激な減少である。日本の漁業者数は、高度経済成長期から今日まで一貫して減少してきたが、これは漁業に参入する者よりも漁業から退出する者のほうが多いことによるものである。昭和一桁生まれ世代の引退は、漁業からの退出者数が過去最大になることを意味しており、これまで以上に漁業者数の減少が進行することを意味する。

　第2に、高齢漁業者の数が減少することである。これまで日本の漁業者数は一貫して減少傾向にある一方で、65歳以上の高齢漁業者の数は一貫して増加傾向にあった。しかし、2000年代に入り昭和一桁世代が順次引退しており高齢漁業者数は減少に転じているのである。

　このような漁業労働力の質的・量的変化は、水産物の安定供給という側面からみて如何なる問題を生じさせるのだろうか。そして、今後水産物の安定供給を実現するためには、生産力構造を如何にして再編していく必要があるのだろうか。

　本章では、以上を問題意識として、個人経営体を対象に、今日の日本漁業における高齢漁業者の生産力と役割を明らかにしたうえで、現在の高齢漁業者がほぼ皆無となる「10年後の漁村」において彼らに替わる新たな担い手が確保されるのかについて検討することを目的としている。

以上の目的を達成するために、以下の2点を課題として設定することとした。

第1の課題は、農林水産省『漁業センサス』を用いて、漁業者の高齢化と漁家世帯の単世代化について把握し、漁業後継者のいない高齢かつ単世代で構成される漁家（以下、高齢単世代漁家とする）の存在について明らかにする。

第2の課題は、漁業種類別に高齢単世代漁家が漁業生産においてどの程度貢献しているのかについて明らかにする。そして、高齢単世代漁家への依存度が高い漁業種類を対象に、「10年後の漁村」を見据えて現在の高齢漁業者に替わる新しい担い手の出現可能性について検討する。結論から先に言えば、現在の高齢漁業者に替わる新しい担い手を確保することは容易ではないが、その理由について考察することとする。

2. 漁業者の高齢化とその問題

先ずは日本漁業における漁業者の高齢化とその問題について先行研究から整理し、本章で設定した課題の意義について明確にしておきたい。

冒頭で述べたように、昭和一桁生まれ世代の漁業者は、戦後から今日まで日本漁業を支えきた中心的な年齢階層集団である。彼らは、1940年代の終戦前後に就業年齢に達し、他の産業への就業機会に恵まれない状況のなかで家業である漁業に就業している[1]。彼らよりも下の世代は、戦後復興期から高度経済成長期に就業年齢となり、他産業に流出していく者が多くなった。これ以降、漁業に参入する者よりも漁業から退出する者のほうが多い状態が続いており、その結果、日本の漁業者数は減少の一途を辿ってきたのである。

こうした若年労働力の流出は、漁家そして漁村に多様な影響を及ぼしたが[2]、これによる漁業者数の減少や漁業経営体数の減少が直ちに漁業生産の減少に結びついたわけではない。図4-1に沿岸漁業（養殖業は除く）の漁業生産と経営体数の推移を示した。図4-1(a)をみると、この間、沿岸漁業の経営体数は一貫して減少傾向にあるが、生産量は1985年まで、生産金額は

第４章　日本漁業における高齢漁業者の生産力と役割　95

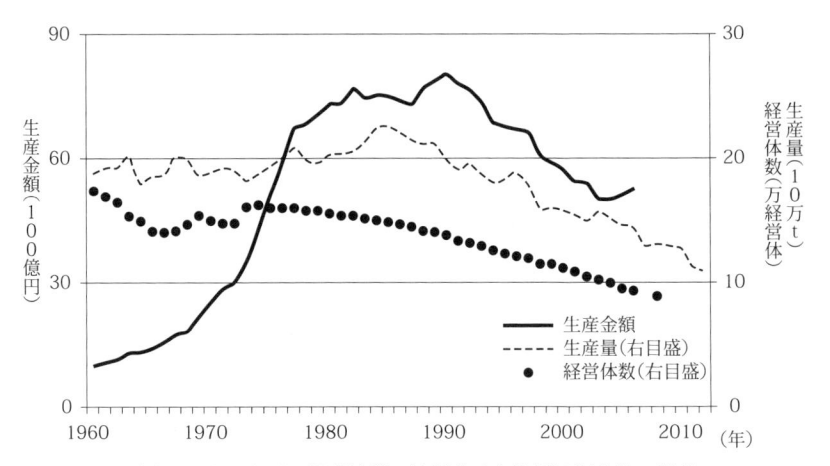

図4-1（a）　日本における沿岸漁業の漁業生産と漁業経営体数の推移

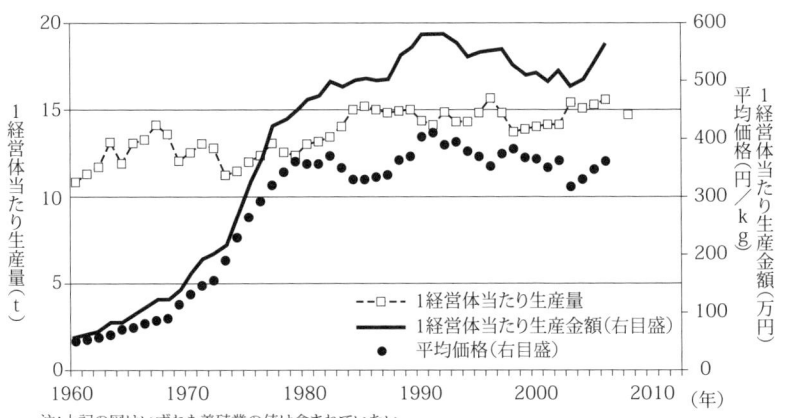

注：上記の図はいずれも養殖業の値は含まれていない。
出所：漁業就業者数は農林水産省『漁業動態統計年報』と水産庁『水産白書』、生産量・生産金額は
農林水産省『漁業・養殖業生産統計年報』より作成。平均価格は生産量と生産金額から算出した。

図4-1（b）　1経営体あたり漁業生産と平均価格の推移

1990年まで増加傾向にあることが分かる。これは図4-1(b)をみると、労働生産性(図中では1経営体当たりの生産量)の上昇と魚価(図中では平均価格)の高騰によるものであることが分かる[3]。このように、1980年代半ばまで漁業経営体数の減少は、水産物の安定供給という側面からみれば切迫した問題ではなく、あくまでも将来への不安にすぎなかったといえる。

しかし、図4-1(a)をみると、沿岸漁業の生産量は1985年をピークに減少に転じている。図4-1(b)をみると、この間、労働生産性は横ばいに推移しており、そのため経営体数の減少に同調するように沿岸漁業の生産量も減少しているのである。また、1990年あたりから魚価が下落しており、そのため1経営体当たり生産金額は500万円台を横ばいに推移している。後継者が漁業に参入する経済的条件が改善されないため、漁業経営体数は減少に歯止めがかからず、それが漁業生産の減少する一因として表面化してきたのである。このような状況において漁業経営体数の減少そしてその内実である若年労働力の流出は、後継者問題として指摘されることとなる[4]。

日本漁業の就業構造の変化とそのメカニズムについて論じた先駆的な研究に加瀬(1988)がある。ここでは、沿岸家族自営漁業を対象に、漁家のライフサイクルと操業タイプとの対応関係から後継者参入の論理と条件について実証的・理論的に解明している。自営漁業における後継者の参入は、その労働力強化が漁業所得の妥当な増加に結びつくか否かという経済計算によって判断されることを明らかにし、これにより、漁家の後継者が漁業から流出していく構造とその結果としての沿岸漁業における経営体数の減少過程についてはほぼ明らかにされたといえる。

これを契機に、沿岸漁業における漁業者の高齢化や後継者問題に関する調査研究が蓄積されていった[5]。長谷川(1992)は、農林水産省『漁業センサス(1988)』を用いて漁業種類別に高齢漁業者の就業実態について分析し、高齢者が基幹的労働力として中心的役割を担っている「高齢者漁業」(具体的には「その他釣り漁業」、「採藻漁業」、「その他刺網漁業」)の存在を明らかにしている。

そして、1993年の漁業経済学会第40回大会シンポジウム「漁村労働力

の存在形態 - 過剰人口論の再検討 -」で集中的に議論されることとなった[6]。このシンポジウムでは、副題である「過剰人口論の再検討」についてはもはや主たる論点にはならなかったが、その問題意識から漁民層分解と低所得不安定就業者の存在に関心が注がれることとなり、沿岸漁家下層に後継者を得ることができなかった単身操業型の高齢者のみで構成される漁家が厚く蓄積されてきていることが確認された。

　これについて、長谷川 (1993) は、「全体としての経営体数の減少の中で上層経営の『家族労作化』傾向と下層の 1 人操業型『高齢者漁業化』が、この間著しく進展してきた」とし、1980 年代にはこうした「階層的配置替え」はほぼ完了したとしている。加瀬 (1993) はこうした沿岸漁家の階層間経済格差が漁家の就業選択 (とりわけ後継者の就業選択) という調整過程を経て形成されてきたことを明らかにしている。このような状況をうけて、島 (1993) は、これらの沿岸漁家下層の新たな担い手の参入可能性とその課題について検討している。

　以上のように、1990 年代前半には研究蓄積によって、後継者を得ることができなかった高齢単世代漁家と彼らを基幹的労働力とする「高齢者漁業」の存在について認識が深まったといえる。しかし、それ以降は「漁業者の高齢化」について指摘されることはあっても高齢漁業者の就業実態についての把握とその評価にかかる議論は停滞していたといえる。

　その理由のひとつは、1980 年代後半から昭和一桁世代が 60 代に突入し、それ以降、高齢漁業者は年々蓄積される状況にあったことが挙げられると考えられる。つまり、高齢漁業者が不足するといった問題は生じていなかったのである。それよりも、漁業者の高齢化と表裏一体にある若年労働力の減少について問題視されることとなり、そのため後継者の漁業への参入が現実的な課題となりえる漁業種類とその担い手である沿岸漁家上層経営に関心が集まるのである。

　そして 2000 年代後半になると昭和一桁生まれ世代が引退を迎えることになり、今後漁業者数の急激な減少が不可避であるなかで、水産物の安定供給を実現可能とする生産力構造について検討しなければならない状況となって

きた。しかし、それについて検討することを可能とする現状認識が不足しており、そのため漁業の将来展望について根拠の乏しい悲観論／楽観論が展開されているのが現状である。悲観論としては、漁業者の高齢化と後継者不足から漁業の将来を悲観して、漁業権を広く開放して後継者不足の解消に努めるべきとする一連の規制改革論である[7]。また、楽観論としては、今後、経営体数の大幅な減少は不可避であるが、「効率的かつ安定的な漁業経営」によって漁業生産は維持されるであろうというものである[8]。

こうした状況のなかで、東京水産振興会の調査事業「沿岸漁業における漁家世帯の就業動向に関する実証的研究」(2008-2009年度)では、沿岸漁業者の就業実態を漁業種類・世代(高齢者・若年者・壮年層・女子)・漁業者集団に注目して実態調査から明らかにしている[9]。緻密な現地調査によって地域それぞれの多様な就業実態が明らかにされており、高齢漁業者の就業実態は漁業種類の労働特性と漁家の世帯構成によって規定されていることを明らかにしている。

さて、当該事業の調査結果が一般性のある事象であるのかについて議論を深めるには、農林水産省『漁業センサス』等の統計資料から全国的な動向について検証を行うのが妥当である。しかし、この調査事業は官庁統計の限界を認識し、それ故に現地調査によって実態を把握したものであった。たしかに、現行の農林水産省『漁業センサス』等の統計資料からでは、高齢漁業者の生産実態について把握することに限界があり、このことも高齢漁業者に関する議論が停滞してきた理由ではないかと考えられる。

本稿は、上述した通り、農林水産省『漁業センサス』を資料として用いるのであるが、個人経営体の個票データを組み替え集計する機会を得たので、これまで把握困難であった「主とする漁業種類別」に高齢単世代漁家の就業実態と生産実態について明らかしようとするものである。

3. 高齢単世代漁家の形成と生産実態

(1) 高齢漁業者数の動向と就業実態

　まずは、1980年代後半から現在までの漁業者の高齢化について表4-1から確認しておこう。本節では漁家を対象にトータルとしての漁業労働力について把握したいので、個人経営体の漁業従事世帯員数(過去1年間に海上作業のみならず陸上作業も含めて1日でも漁業に従事した者)についてみていくこととする。1988年には55-59歳階層の漁業従事世帯員数が最大となっており、これが昭和一桁生まれ世代(当時54-62歳)の中心的な年齢階層である。この階層は、1993年には60-64歳、1998年には65歳以上の階層へと移動し、昭和一桁生まれ世代が全て65歳以上となる2003年には65歳以上の漁業従事世帯員数は過去最大となる。しかし2008年には昭和一桁生まれ世代は74-82歳と引退年齢を迎えることとなり、65歳以上の漁業従

表4-1　年齢階層別漁業従事世帯員数の推移

単位：人

	1988年	1993年	1998年	2003年	2008年
15-19歳	5,028	2,701	1,742	1,602	1,202
20-24歳	12,349	7,430	5,005	4,118	3,046
25-29歳	17,147	11,490	7,802	5,703	4,380
30-34歳	21,506	15,531	11,298	8,186	5,724
35-39歳	30,342	20,028	15,195	11,113	8,286
40-44歳	30,105	28,275	19,175	14,504	10,831
45-49歳	38,164	27,941	26,911	18,143	13,757
50-54歳	53,025	34,993	26,567	25,635	16,824
55-59歳	57,525	48,250	33,138	25,266	24,022
60-64歳	47,791	51,483	44,891	31,646	24,083
65歳以上	58,671	72,417	88,960	93,013	83,871
合　計	371,653	320,539	280,684	238,929	196,026
65歳以上(%)	15.8	22.6	31.7	38.9	42.8

注：漁業従事世帯員とは、個人経営体の世帯員のうち満15歳以上で過去1年間に漁業に従事した者である。
出所：農林水産省『漁業センサス(関係各年)』より作成。

事世帯員数は減少に転じている。ただし、若年層の漁業従事世帯員数は依然として減少傾向にあることから、漁業従事世帯員数において65歳以上の占める割合は依然として上昇を続けており2008年には42.8%と過去最大になっている。

次のセンサス調査年となる2013年には昭和一桁生まれ世代の殆どが80歳を超えることとなり引退する者が多くなることから、65歳以上の漁業従事世帯員数は大幅に減少することが予想される。また、表4-1の2008年において55-59歳と50-54歳の間の漁業従事世帯員数の差が大きく[10]、2008年の55-59歳が65歳以上となる2018年には漁業者の高齢化がさらに加速するであろう。

このように、65歳以上の高齢漁業者の占める割合は年々増加しており、今日においては基幹的労働力といえるまでに比重を高めている。こうした状況は海上作業についてみても同様である。表4-2は農林水産省『漁業センサス(2008)』の個人経営体個票データを組み替え集計して年齢階層別に海上作業日数別の漁業従事世帯員数を示したものである。2008年において海上作業に1日以上従事した漁業従事世帯員数のうち65歳以上の漁業従事世帯員数の占める割合は42.6%である。また65歳以上の漁業従事世帯員数の延べ海上作業日数は全体の38.9%を占めている。すなわち日本漁業において

表4-2 2008年における年齢階層別の海上作業日数別漁業従事世帯員数

	人数計	30日未満	30-89日	90-149日	150-199日	200-249日	250-299日	300日以上	海上作業日数合計(日)	平均海上作業日数(日)
15〜19歳	716	147	213	111	98	96	36	15	74,662	104
20〜24歳	2,342	159	448	456	416	478	250	135	352,510	151
25〜29歳	3,463	160	659	689	599	700	404	252	544,709	157
30〜34歳	4,542	226	826	948	783	914	518	327	710,412	156
35〜39歳	6,503	294	1,227	1,317	1,166	1,272	757	470	1,020,145	157
40〜44歳	8,751	342	1,658	1,823	1,584	1,757	950	637	1,370,751	157
45〜49歳	11,450	409	2,167	2,446	2,087	2,339	1,222	780	1,789,787	156
50〜54歳	14,205	427	2,745	3,137	2,531	2,863	1,534	968	2,217,784	156
55〜59歳	20,408	505	3,919	4,889	3,799	3,864	2,143	1,289	3,152,189	154
60〜64歳	20,266	408	3,985	5,316	3,778	3,697	1,964	1,118	3,060,205	151
65〜69歳	21,974	524	4,615	6,427	4,113	3,551	1,737	1,007	3,140,853	143
70〜74歳	24,424	526	5,651	7,682	4,483	3,431	1,675	976	3,332,059	136
75歳以上	22,221	543	6,916	7,506	3,462	2,341	922	531	2,619,632	118
合　計	161,265	4,670	35,029	42,747	28,899	27,303	14,112	8,505	23,385,698	145
65歳以上合計	68,619	1,593	17,182	21,615	12,058	9,323	4,334	2,514	9,092,544	133
65歳以上(%)	42.6	34.1	49.1	50.6	41.7	34.1	30.7	29.6	38.9	

出所:農林水産省『漁業センサス(2008)「漁業経営体調査票Ⅰ(個人経営体用)」個票』組み換え集計。

海上作業の約4割は65歳以上の高齢漁業者によって担われているということになる。また、年齢階層別に平均海上作業日数をみると(表の右端)、60歳から高齢になるに従って平均日数が少なくなっていくという傾向はみられるものの、65歳以上の各階層においてもっとも人数が多い海上作業日数階層は90-149日であり、これは30-50代と同様である。さらに、海上作業日数階層別に65歳以上の漁業従事世帯員の占める割合をみると(表の下段)、300日以上でも65歳以上の漁業従事世帯員数の占める割合は29.6%となっているのである。このように、海上作業においても65歳以上の漁業従事世帯員が基幹的労働力となっているといえよう。

(2) 漁家の労働力構成と世帯員構成

　以上のような漁業労働力における高齢漁業者の占める割合の高まりは、漁業に参入する後継者が少ないことによってもたらされるが、このことは漁家の労働力構成の変化そして漁家の世帯員構成にも顕著に表れている。

　労働力構成の変化としては、漁家の後継者が漁業外へ流出することによって高齢漁業者による単身操業あるいは夫婦操業が増えていくこととなる。表4-3は、海上作業従事世帯員数別の個人経営体数の推移を示したものである。ここで「海上作業従事世帯員1名」で「60歳以上男子」と「海上作業従事

表4-3　海上従事世帯員数別個人経営体数の推移(注1)

単位:経営体

| 年 | 経営体数 | 海上作業従事世帯員1名 | | 海上作業世帯員2名 | | 海上作業従事世帯員3名 | 海上作業従事世帯員4名以上 |
		60歳以上男子 (65歳以上男子)	それ以外 (それ以外)	60歳以上男+女(注2) (65歳以上男+女)	それ以外 (それ以外)		
1988年	182,164	34,787	63,376	11,431	52,537	15,195	4,116
1993年	163,923	44,838	50,027	14,704	38,805	11,935	3,157
1998年	143,194	49,174 (34,074)	37,775 (52,875)	15,786 (9,697)	28,344 (34,433)	9,223	2,517
2003年	125,931	47,749 (36,814)	31,575 (42,510)	31,575 (10,574)	21,590 (34,433)	7,949	2,583
2008年	109,451	43,453 (34,335)	26,364 (35,482)	12,491 (9,521)	17,446 (20,416)	7,305	2,314
1988年(%)	100	19.1	34.8	6.3	28.8	8.3	2.3
2008年(%)	100	39.7 (31.4)	24.1 (32.4)	11.4 (8.7)	15.9 (18.7)	6.7	2.1

注1:海上作業従事世帯員とは個人経営体の漁業従事世帯員のうち海上作業を1日以上行ったものである。
注2:「60歳以上男+女」とは漁業従事世帯員が個人経営体の基幹的漁業従事者(自営漁業の海上従事日数が世帯員のなかで最も多い者)が60歳以上の男子と女子という組み合わせで漁業を行っている漁家である。
注3:1993年以前は漁業センサスに65歳以上の集計項目がない。
出所:農林水産省『漁業センサス(関係各年)』より作成。

世帯員 2 名」で「60 歳以上男 + 女」いう経営体は、後継者が漁業に参入しておらず、今後も後継者が漁業に参入する可能性は極めて低い経営体が殆どであると考えられる。これらの経営体数は、ともに 1988 年から 1998 年にかけて増加し、その後減少に転じるものの 2008 年にはこれら 2 つの経営体数の占める割合を足すと 51.1% (39.7% +11.4%) となっている。同年の同じ割合を 65 歳以上でみると 40.1% (31.4% +8.7%) である。これらの経営体は、今後も後継者が漁業に参入する可能性は極めて低いことから、家業としての漁業は次世代に継承されず廃業となるケースが殆どであろう。

　このように、今日においては高齢漁業者による単身操業あるいは夫婦操業という操業形態が全体の半数を占めるまでに至っているが、このことは漁家の世帯員構成にも反映されている。表 4-4 は 2008 年における漁業従事世帯員構成別の世帯員数別経営体数割合を示したものである。漁業従事世帯員構成別経営体数をみると、漁業従事世帯員が「65 歳以上・男子 1 名」という経営体数が最も多く、次いで「65 歳以上・男子 1 名 + 女子 1 名」となっており、この 2 つの階層の経営体数は全体の約 40% を占めている。これらの高齢単世代漁家の世帯員数別の経営体数割合をみると、「65 歳以上・男子 1 人」は世帯員 1 人 (本人のみ) が 12.4%、2 人が 54.3% であり、「65 歳以上・

表4-4　2008年における漁業従事世帯員構成別の世帯員数別経営体数割合

漁業従事世帯員の構成	男子基幹的漁業従事者年齢階層	経営体数合計(単位:経営体)	世帯員数別経営体数割合(%)							
			1人	2人	3人	4人	5人	6人	7人	8人以上
男子1人	39歳以下	2,413	18.9	13.3	18.6	25.6	14.6	5.7	2.2	1.1
	40-59歳	15,206	13.7	27.4	21.3	17.8	11.2	5.5	2.3	0.9
	60-64歳	6,777	12.6	42.0	23.5	11.4	4.9	3.2	1.4	1.0
	65歳以上	25,218	12.4	54.3	15.8	6.5	4.1	4.1	2.2	0.7
	合計	49,614	13.1	42.4	18.6	11.5	6.9	4.5	2.1	0.8
男子1人+女子1人	39歳以下	1,071	0	21.3	16.1	30.2	20.2	7.9	3.3	1.1
	40-59歳	9,545	0	30.8	22.4	21.6	14.1	7.5	2.6	1.1
	60-64歳	4,832	0	48.3	26.0	12.6	5.3	4.0	2.3	1.5
	65歳以上	17,714	0	66.2	15.5	6.1	4.0	5.0	2.5	0.7
	合計	33,162	0	51.8	19.0	12.2	7.6	5.6	2.6	1.0
男子2人以上	39歳以下	1,725	0	2.3	20.3	17.4	14.8	19.0	16.3	9.8
	40-59歳	10,400	0	2.1	18.4	21.2	19.8	19.5	12.5	6.5
	60-64歳	2,821	0	2.4	25.3	22.3	16.1	13.9	11.1	8.8
	65歳以上	7,064	0	3.7	30.5	18.3	13.6	17.4	11.5	5.0
	合計	22,010	0	2.7	23.3	20.1	16.9	18.1	12.3	6.6

注:上記には女子のみで構成される経営体と「男子1名+女子2人以上」という経営体は含まれていない。「男子2人以上」は
　　男子2人以上の経営体が全て含まれており、漁業従事世帯員に女子がいる経営体も含む。
出所:農林水産省『漁業センサス(2008)「漁業経営体調査票Ⅰ(個人経営体用)」個票』組み換え集計。

男子 1 名＋女子 1 名」は世帯員 2 人 (本人たちのみ) が 66.2％となっている。すなわち、これらの漁家は、後継者が漁業に参入しなかっただけでなく同居もしておらず、世帯においても高齢者世代のみによって構成されている割合が高いのである。これらの漁家は、高齢漁業者の引退＝廃業を意味していることはいうまでもない。その一方で、男子 2 人以上の漁家、すなわち後継者が漁業に参入している漁家は 22,010 経営体である。これらの経営体の 70％以上は世帯員数が 4 人以上であり、世代間継承を基本とする家族労作型の複世代漁家が存在していることが分かる。

(3) 高齢単世代漁家の生産実態

では次に高齢単世代漁家の生産実態について表 4-5 からみていこう。この表は、海上作業従事世帯員別の合計販売金額の推移を示したものである。海上作業従事世帯員が 1 名で 60 歳以上男子という経営体の合計販売金額は 1988 年の 776 億円から 2008 年の 1,561 億円へと倍増しており、60 歳以上男 1 名＋女 1 名も 327 億円から 625 億円と増加傾向にある。それ以外の階層の合計販売金額は軒並み減少する傾向にある。

とはいえ、2008 年における個人経営体の合計販売金額 7,968 億円のう

表4-5　個人経営体の漁業従事世帯員別推定合計販売金額（注1）

単位：億円

年	販売金額合計	海上作業従事世帯員1名		海上作業従事世帯員2名		海上作業従事世帯員3名	海上作業従事世帯員4名以上
		60歳以上男子（65歳以上男子）	それ以外（それ以外）	60歳以上男+女(注2)（65歳以上男+女）	それ以外（それ以外）		
1988年	10,565	776	3,416	327	3,978	1,520	549
1993年	10,717	1,260	3,085	553	3,701	1,530	589
1998年	9,225	1,456（835）	2,440（3,061）	660（323）	2,924（3,260）	1,246	500
2003年	7,328	1,425（994）	1,891（2,322）	563（353）	2,077（2,287）	945	427
2008年	7,968	1,561（1,080）	1,967（2,448）	625（389）	2,218（2,454）	1,125	471
1988年(%)	100	7.3	32.3	3.1	37.7	14.4	5.2
2008年(%)	100	19.6（13.6）	24.7（30.7）	7.8（4.9）	27.8（30.8）	14.1	5.9

注1：販売金額は、1988年から2003年については漁業センサスに掲載されている「1経営体平均漁獲金額」にそれぞれの経営体数を乗じて算出した。2008年は「1経営体平均漁獲金額」が掲載されていないので販売金額階層の階級値を販売金額別経営体数に乗じて算出した。最上階層の「10億円以上」は階級値がないので便宜的に15億円と設定した。
注2：「60歳以上男＋女」とは漁業従事世帯員が個人経営体の基幹的漁業従事者（自営漁業の海上従事日数が世帯員のなかで最も多い者）が60歳以上の男子と女子という組み合わせで漁業を行っている漁家である。
出所：農林水産省『漁業センサス（2008）』より作成。

ち 65 歳以上男子 1 名の合計販売金額は 1,080 億円、65 歳以上男子 1 名 +
女子 1 名のそれは 389 億円であり、2 つをあわせても全体に占める割合は
18.5 %（=13.6 %+4.9 %）にすぎない。これまでみてきた高齢漁業者数および
び高齢単世代漁家数の割合と比較すると漁業生産における高齢単世代漁家の
占める割合はそれほど大きいものではないといえる。

　以上のように、この 20 年間で個人経営体の漁業者は高齢化が進み、後継
者を得ることの出来なかった高齢単世代漁家が厚く蓄積されてきた。これら
の高齢単世代漁家においては漁業者の引退は即ち廃業を意味することから、
今後経営体数は急激に減少していくことになるであろう。

　では、こうした高齢単世代漁家の廃業は、水産物の安定供給という側面か
らみて如何なる問題を生じさせるのか。現在の高齢単世代漁家によって生産
されている水産物（表 4-5 では 1,469 億円＝ 1,080 億円 +389 億円）が、彼
らの廃業後に残存する経営体や新規参入する経営体によって水揚げされるの
であれば、水産物の安定供給という側面からみて今後の高齢単世代漁家の廃
業は問題ではない。むしろこの場合は高齢単世代漁家の廃業にともなう経営
体数の減少が残存経営体の経営改善や新規参入の促進に繋がることを意味し
ており、むしろポジティブな状況であるといえよう。

　しかし、先の図 4-1 でみた通り、近年沿岸漁業においては経営体数の減少
と漁業生産量の減少が同調しており、今後も経営体数の急激な減少にともな
い漁業生産量も大幅に減少する可能性がある。こうした高齢単世代漁家の廃
業による影響は、漁業種類によって大きく異なると考えられることから、次
に主として営む漁業種類別の高齢単世代漁家の生産実態についてみていくこ
ととする。

4.　漁業種類別の高齢単世代漁家の生産実態

　漁家の漁業従事世帯員の構成は、漁家が営む漁業種類とその操業に必要と
なる労働力によって規定されることは言うまでもない。後継者が漁業へ参入
するに見合う十分な追加所得を確保できる漁業種類であれば、後継者が漁業

第 4 章　日本漁業における高齢漁業者の生産力と役割　105

に参入し複世代漁家が形成され、結果として高齢単世代漁家の占める割合が低くなるであろう。逆に、単身操業が可能であり漁業収入が少ない漁業種類には後継者が参入せず、高齢単世代漁家の占める割合が高まるはずである。

　そこで、漁業センサスの「主とする漁業種類別」に高齢単世代漁家の生産実態とその全体に占める割合について明らかにしていくこととする。農林水産省『漁業センサス (2008)』で個人経営体が営む漁業種類として挙げられているのは 53 項目あるが、ここでは個人経営体の数と漁法を考慮して漁業から 6 種類、養殖業から 4 種類を取り上げることとした。具体的には、漁業は小型底びき網 (8,857 経営体)、船びき網 (2,082 経営体)、小型定置網 (3,029 経営体)、その他の刺網 (16,044 経営体)、その他の釣り (18,110 経営体)、採貝・採藻 (19,763 経営体)、養殖業はほたてがい養殖 (3,313 経営体)、かき類養殖 (2,734 経営体)、わかめ類養殖 (2,321 経営体)、のり類養殖 (4,411 経営体) である。

　表 4-6 は 2008 年における主とする漁業種類別の高齢単世代漁家 (65 歳以上男子 1 人と 65 歳以上男子 1 名 + 女子 1 名) と複世代漁家 (男子 2 人以上) の経営体数割合・販売金額割合・1 経営体当たり販売金額を示したものである。

表4-6　2008年における主とする漁業種類別の漁業従事世帯員構成別
　　　　経営体数割合・販売金額割合・平均販売金額(注1)

主とする漁業種類	経営体数割合(%)			販売金額割合(%)			1経営体当たり販売金額(万円)		
	65歳以上男子1人	65歳以上男子1人+女子1人(注2)	男子2人以上	65歳以上男子1人	65歳以上男子1人+女子1人	男子2人以上	65歳以上男子1人	65歳以上男子1人+女子1人	男子2人以上
その他の釣り	45	10	8	23	10	22	124	247	669
採貝・採藻	19	20	26	10	16	38	133	202	355
その他の刺網	26	23	19	10	16	38	173	319	896
小型定置網	16	17	32	9	10	47	410	443	1,090
小型底びき網	14	18	24	7	13	40	443	612	1,460
船びき網	11	10	44	7	5	42	1,176	939	2,276
わかめ養殖	9	20	45	3	12	62	175	342	747
かき養殖	7	25	25	4	17	32	682	718	1,351
ほたてがい養殖	3	13	56	1	7	63	771	878	1,728
のり養殖	3	16	51	1	9	65	791	1,038	2,441

注 1：漁業センサス（2008）の販売金額階層の階級値を販売金額別経営体数に乗じて算出した。最上階層の「10億円以上」は階級値がないので便宜的に15億円と設定した。
注 2：「65歳以上男+女」とは漁業従事世帯員が個人経営体の基幹的漁業従事者（自営漁業の海上従事日数が世帯員のなかで最も多い者）が65歳以上の男子と女子という組み合わせで漁業を行っている漁家である。
注 3：上記の表には「65歳未満男子1人」「65歳未満男子1人+女子1人」「65歳以上男1人＋女子2人以上」「女子1人以上」の経営体の値は掲載していない。
出所：農林水産省『漁業センサス（2008）』「漁業経営体調査票Ⅰ（個人経営体用）」個票組み換え集計。

「その他の釣」、「採貝・採藻」、「その他の刺網」は、先にも述べた通り農林水産省『漁業センサス (1988)』の時点ですでに高齢漁業者を基幹的労働力とする「高齢者漁業」とされていたが、2008 年においてはさらにその性格が強まっており、他の漁業種類よりも高齢単世代漁家の経営体数割合が顕著に高くなっている。しかし、販売金額割合については高齢単世代漁家の占める割合は「その他の釣」が 33％、「採貝・採藻」と「その他の刺網」が26％となっており他の漁業種類よりは高いものの高齢単世代漁家に依存しているというわけではない。そして、これらの「高齢者漁業」を主とする経営体の 1 経営体当たり販売金額は男子 2 人以上でも 1,000 万円を下回っており後継者が漁業に参入する経済的条件に乏しいことが分かる。

　次に小型定置網、小型底びき網、船びき網をみると、男子 2 人以上の 1経営体当たり販売金額は 1,000 万円を超えており、「高齢者漁業」よりも男子 2 人以上の経営体数割合と販売金額割合が高くなっている。なかでも、船びき網は 1 経営体当たり販売金額が高く、複世代漁家が主たる担い手になっている。これは 2 隻びきの船びき網経営においてより顕著であることが推察される。小型定置網と小型底びき網は、経営体数割合において高齢単世代漁家が複世代漁家よりも多いものの、高齢単世代漁家の販売金額割合は複世代漁家の半分程度になっている。

　養殖業では、さらに複世代漁家の経営体数割合と販売金額割合が高く、かき養殖以外は家族労作型の複世代漁家が主たる存在形態であるといえる。

　このように表 4-6 では 1 経営体当たりの販売金額が低い漁業種類ほど高齢単世代漁家の割合が高いという傾向がみられる。これをより明確にするために、主とする漁業種類別の 1 経営体当たり平均販売金額と高齢単世代漁家経営体比率の関係を図 4-2 に示した。1 経営体当たり平均販売金額と高齢単世代漁家経営体比率の関係はほぼ直線的な反比例関係にあり、販売金額が低い漁業種類ほど高齢単世代漁家の経営体比率が高いという関係がみられる。また、漁業種類別にみると 2 つの極に分かれていることが分かる。ひとつの極は、左上の「その他の釣り」「その他の刺網」「採貝・採藻」であり、販売金額が低く、主たる担い手は高齢単世代漁家である。もうひとつの極は右

第4章　日本漁業における高齢漁業者の生産力と役割　107

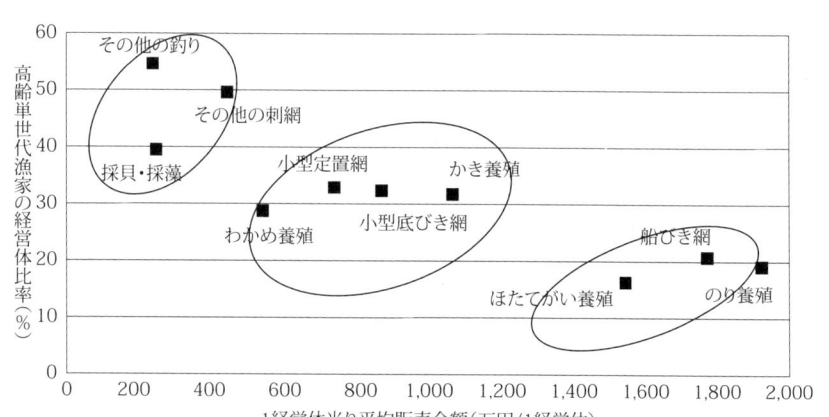

注：平均販売金額は漁業センサス(2008)の販売金額階層の階級値を平均販売金額別経営体数に乗じて算出した。
　　最上階層の「10億円」は階級値がないので便宜的に15億円と設定した。
出所：農林水産省『漁業センサス(2008)「漁業経営体調査票Ⅰ(個人経営体用)」個票』組み換え集計。

図4-2　主とする漁業種類別の平均販売金額と高齢単世代漁家比率との関係

　下の「船びき網」「ほたてがい養殖」「のり養殖」で、これらの主たる担い手は複世代漁家である。そして、両極の中間に「小型底びき網」「小型定置網」「かき養殖」「わかめ養殖」が位置しており、これらは高齢単世代漁家と複世代漁家が併存しているといってよいだろう。

　今後、漁業種類によって差はあるものの高齢単世代漁家の引退によって漁業経営体数が減少することは確実であるが、それによって図4-2でみた高齢単世代漁家と複世代漁家の2極化傾向はさらに強まっていくのではないかと考えられる。経営体数の減少によって残存経営体の経営が改善され、それによって後継者が確保されるのであれば図4-2の右下の方向に移動し、経営体数が減少しても残存経営体の経営が改善されずに後継者が得られないのであれば高齢単世代漁家の割合が高まり左上へと移動していくことになるであろう。

　「高齢者漁業」は今後さらに左上に移動していく可能性が高いであろう。これについては次節で検討することとしたい。中間に位置する「小型底びき網」「小型定置網」「かき養殖」「わかめ養殖」は、経営体数の減少によって残存経営体の資源配分が多くなる可能性が高く、それによって後継者が漁業

に参入するに見合う所得増が可能ならば複世代漁家の占める割合が増えていくであろう。そして、現在も複世代漁家が基幹的労働力となっている「船びき網」「ほたてがい養殖」「のり養殖」は、経営体数の減少によって残存経営体のさらなる規模拡大による所得増の可能性がある（そうしなければ全体の漁業生産は維持されない）。そして規模拡大に応じた労働力の増強が必要となり、家族労働力では足りずに雇用労働力への依存度が高まれば家族経営から共同経営や会社経営に移行する経営体もあるだろう。ただし、これまでは高齢単世代漁家を中心に漁村地域には高齢労働力が潤沢にあったが、表4-1で示した通り今後は高齢漁業者が減少していくことから雇用労働力を確保することが現在よりも困難になっていく可能性が高い。こうした経営規模の拡大と労働力の縮小とのギャップを如何にして解決するかということが、複世代漁家の担う漁業種類の漁業生産を維持していくための課題であろう。

5. 「高齢者漁業」の担い手問題

　以上のように、「その他の釣り」「その他の刺網」「採貝・採藻」は、後継者が漁業に就業しなかった高齢単世代漁家が主たる担い手となっている。これらの漁家の多くは、もはや子供と同居している漁家自体も少なく、今後、経営体数は大幅に減少していくことが不可避であると言わざるをえない。

　とはいえ、経営体数が大幅に減少したとしても、それによって若年層の漁業への新規参入が促進されたり、残存経営体の生産金額が増加するなどして、「高齢者漁業」の漁業生産が維持されていくのであれば、水産物の安定供給という側面からみれば大きな問題ではない。

　そのことを確認するために、「刺網」・「釣漁業（沿岸いか釣を除く）」・「採貝・採藻」を主とする個人経営体の漁労所得（＝漁労収入－漁労支出）の経年変化を表4-7に示した。これらの漁業種類を主とする経営体の数はこの20年間で一貫して減少しているのであるが、表をみると漁労所得はいずれのトン数階層においても増加するどころか、微減となっている。つまり、残存経営体の高齢化が進展しており、それによって漁労所得が低くなってきているの

第4章　日本漁業における高齢漁業者の生産力と役割　109

表4-7　主とする漁業種類別の個人経営体漁労所得の経年変化

単位：万円

年	刺網				釣漁業（沿岸いか釣を除く）			採貝・採藻
	3t未満	3-5t	5-10t	10-20t	3t未満	3-5t	5-10t	3t未満
2003	145.0	282.8	400.1	436.3	80.6	210.4	324.0	178.3
2004	169.7	247.0	416.5	215.5	68.1	219.7	281.4	178.4
2005	144.7	251.9	378.1	212.6	74.9	228.9	310.8	198.3
2006	203.8	282.2	393.3	341.7	91.7	278.2	235.9	221.0
2007	220.7	337.4	419.3	575.9	99.6	265.0	370.1	183.2
2008	172.5	486.9	212.2	511.3	70.8	254.5	324.2	175.3
2009	106.0	400.6	345.2	404.2	61.7	193.6	316.7	161.0
2010	162.6	318.0	459.5	299.8	32.2	188.2	231.1	147.0
2011	124.1	161.1	346.6	334.9	34.1	202.0	239.1	114.4
2012	140.6	90.5	323.5	295.4	59.4	180.4	211.1	158.5

出所：農林水産省『漁業経営調査報告（関係各年）』より作成。

である。その結果、漁業生産量は 1995 年から 2012 年にかけて「その他の釣り」は 6.2 万 t から 3.6 万 t 、「その他の刺網」は 21.6 万 t から 14.8 万 t 、「採貝・採藻」は 22.4 万 t から 13.2 万 t といずれも大幅に減少している[11]。

　このように、経営体数の減少が残存経営体の漁労所得の増加に結びつかない要因は、近年の魚価安もあるが、より根本的な問題として漁業の生産性が低いことが挙げられる。残存する漁業経営体当たりの資源配分は増大したとしても、そもそも漁業の生産性が低いので、残存経営体の漁業生産金額の増大には限界があり、新規に漁業へ参入する者が現れるような漁業所得が期待できないのである。

　ところで、表 4-7 は「高齢者漁業」を主とする経営体についてみたものであるが、高齢単世代漁家に替わって他の漁業種類を主とする経営体が今後「高齢者漁業」の担い手となる可能性もある。これには 3 つのケースが考えられる。

　第 1 は、他の漁業種類を主としている経営体が「高齢者漁業」も営むというケースである。例えば、「わかめ養殖」を主としている経営体が 1 日当たりの水揚げ金額が高い採貝漁業を解禁時のみ営むというケースや、「小型底びき網」を主とする経営体が端境期に「その他の刺網」や「その他の釣」を営むというケースがある。ただし、こうした経営体の数は多いわけではない。農林水産省『漁業センサス (2008)』において、「その他の釣」を営んだ

経営体数体は 32,338 経営体あるが、このうち「高齢者漁業」以外を主とし
ている経営体の割合は 25％であり、同じく「その他の刺網」では 30％、「採貝・
採藻」は 36％となっている。言い換えれば、「その他の釣り」「その他の刺網」
「採貝・採藻」のいずれかのみを営んでいるケースあるいはこれらを組み合
わせて営んでいるというケースが多いのである。

　第 2 は、現在は他の漁業種類を主としているが、加齢に伴い「高齢者漁業」
に転換するというケースである。これについて農林水産省『漁業センサス』
によって 2003 年から 2008 年にかけて主とする漁業種類の移動経営体数を
表 4-8 からみてみると、「高齢者漁業」以外から移動してくる経営体数はそ
れほど多くはない。「高齢者漁業」は生産性は低いがそのことは労働作業が
軽微であることを必ずしも意味するわけではなく、むしろ依然として人力に
頼っている作業が多いと考えられる。

　第 3 は、「高齢者漁業」が利用していた資源を「高齢者漁業」以外の漁業
種類が利用するケースである。「採貝・採藻」の対象種の魚介藻類は他の漁
業種類で漁獲されるものは少ないが、「その他の釣り」「その他の刺網」の対
象種は様々な漁業種類においても対象種となっているものが多い。例えばマ
アジ・マサバ・マダイ・イサキなどは釣り漁業だけでなく定置網をはじめそ
の他の漁業種類でも漁獲されている。ただし、キンメダイなど他の漁業種類
では漁獲されることが少ないものもあり、また同じ対象種でも例えば関アジ
のように商品としての評価が大きく異なっているものもある。「高齢者漁業」
でなければ水揚げされないものが一定程度あるといえよう。

　ところで、表 4-8 をみると、新規着業の経営体が千のオーダーで存在して
いることが分かる[12]。「高齢者漁業」は参入障壁が低く、漁村内外から新規

表4-8　主とする漁業種類移動経営体数（2003年から2008年）

単位：経営体

| | | 2003年の主とする漁業種類 | | | | | | | | 新規着業 |
		その他の釣り	その他の刺網	採貝・採藻	小型底びき網	船びき網	小型定置網	養殖業	その他	
2008年の主とする漁業種類	その他の釣り	10,084	856	480	126	26	61	212	2,784	3,532
	その他の刺網	788	10,282	851	354	67	265	423	1,390	1,809
	採貝・採藻	689	1,060	11,363	184	19	23	646	2,216	3,642

出所：農林水産省『漁業センサス（関係各年）』より作成。

参入しやすい漁業種類である。とはいえ、漁業所得は低いので、その所得でも漁村で生活することができる高齢者が中心となる。例えば、サラリーマンが定年後に1本釣り漁業や採貝・採藻を始めるといったケースが現実的な新規参入のルートではないかと考えられる。

　以上のように、「高齢者漁業」は、現在の低位な漁業生産力を前提とする限り、今後経営体数が大幅に減少しても残存経営体の経営改善には限界があり、新規参入する若年層は少ないであろう。「高齢者漁業」が低所得であることを改善しないままに、漁業への新規参入を期待することは現実的ではないといえる。そして、高齢単世代漁家に替わる「高齢者漁業」の新しい担い手を確保することが容易ではないということは、今日の水産物供給において高齢単世代漁家の果たしている役割が大きいということに他ならない。

6.　おわりに

　本章では、日本漁業における高齢漁業者の生産力と役割について「高齢者漁業」とその担い手である高齢単世代漁家という側面から検討してきた。2008年における「その他の釣り」「その他の刺網」「採貝・採藻」を主とする経営体数を合わせると53,917経営体になり、個人経営体全109,451経営体の約半数を占めていることとなる。これらのうち、後継者が漁業に参入しているものは少なく、その殆どが単身操業を基本とする1代完結型の漁家であり、今後も「高齢者漁業」の主たる担い手は高齢単世代漁家であると考えられる。

　「高齢者漁業」を主とする高齢単世代漁家は、戦後から今日に至るまで漁業外部からも漁業内部からも調整されずに沿岸漁家下層＝低所得層として固定されてきたものが殆どである。彼らは、壮年期には漁業所得だけでは家計費が賄いきれないため出稼ぎや日雇い、漁業乗組員等にも従事することで漁家を維持してきたのである。そして生産性の低い零細な漁業を主に営んできた彼らの存在によって現在まで水産資源の総合的利用や水産物の多様性が実現されてきたといっても過言ではない。

今後、水産物が安定供給されるためには、高齢単世代漁家にかわる新しい担い手が確保されなければならないが、これまで述べてきた通り、「高齢者漁業」においては容易ではない。今後、漁業者が急激に減少するなかで、10年後の漁村を見据え、その時点における労働力構成に見合った生産力構造を如何にして構築していくかということがこれからの水産政策の最重要課題になるであろう。

参考文献

秋山博一「漁村労働力の存在形態に関する諸問題 –「現代過剰人口論」覚え書きー」『漁業経済研究』第 38 巻第 2 号、1993 年、p1-17。

加瀬和俊『沿岸漁業の担い手と後継者—就業構造の現状と展望—』成山堂書店、1988 年。

加瀬和俊「自営漁業就業者と漁家世帯」廣吉勝治編『日本漁業の構造再編』農林統計協会、1991 年。

加瀬和俊「自営漁業者の存在形態－階層格差の根拠をめぐって –」『漁業経済研究』第 38 巻第 2 号、1993 年、p89-112。

加瀬和俊「調査研究の意図と視点」東京水産振興会『沿岸漁業における漁家世帯の就業動向に関する実証的研究—平成 20 年度事業報告』、2009 年、p1-6。

加瀬和俊「漁家世帯の就業動向の今日的特徴点 - 二年間の調査のまとめを兼ねて -」東京水産振興会『沿岸漁業における漁家世帯の就業動向に関する実証的研究—平成 21 年度事業報告』、2010 年、p1-12。

加瀬和俊・島秀典「沿岸漁村における就業構造に関する研究」『水産経済研究』No.49、1992 年。

工藤貴史「日本の漁業・漁村の現状と課題」寺西俊一・石田信隆編『自然資源経済論 3　農林水産業の未来をひらく』中央経済社、2013 年。

島秀典「沿岸漁業における老人漁家の形成と脱漁民化のパターンー小樽市の事例からー」『漁業経済研究』第 26 巻第 4 号、1981 年、p56-70。

島秀典「若年漁村就業者の漁業就業選択」『漁業経済研究』第 38 巻第 2 号、1993 年、p41-63。

水産業改革高木緊急委員会『緊急提言 東日本大震災を新たな水産業の創造と新生に』日本経済調査協議会、2011年。

長谷川彰「漁業経済論の課題と推移」長谷川彰編『昭和後期農業問題論集24 漁業経済論』農山漁村文化協会、1984年。

長谷川健二「高齢者漁業」八木庸夫編『漁民―その社会と経済』北斗書房、1992年、p201-219。

長谷川健二「漁民層分解と就業構造」『漁業経済研究』第38巻第2号、1993年、p18-40。

宮澤晴彦「漁家漁業」漁業経済学会編『漁業経済研究の成果と展望』成山堂書店、2005年、p1-8。

[1] 1930年代から1980年代半ばまでの日本における自営漁業就業者の世代別の就業動向を社会経済条件との関係から分析・整理したものに加瀬（1988）がある。昭和一桁生まれ世代が前後の年齢階層と比べて顕著に多い人数を擁する理由として、戦時の徴兵・徴用への直接的動員の対象外であった者が多いこと、他に就業先がなく食糧不足でもあったので食料生産部門に就業する次男・三男も多かったこと等を挙げている。

[2] 漁村における若年労働力の流出とその問題について早い段階で指摘したものとして島（1981）がある。

[3] 「魚価高騰依存型」の漁業成長に関する漁業経済学会での議論をレビューしたものとして長谷川（1984）がある。

[4] 漁業者の高齢化と後継者問題に関する先行研究をレビューしたものとして宮澤（2005）がある。

[5] 例えば加瀬・島（1992）、加瀬（1991）。

[6] このシンポジウムの成果は『漁業経済研究』第38巻第2号（1993）に所収されている。

[7] 例えば、水産業改革高木緊急委員会（2011）。

[8] 2007年に閣議決定された水産基本計画では、将来にわたって国民への水産物の安定供給を確保するためには、効率的かつ安定的な漁業経営体によって漁業生産の大宗が担われる生産構造を構築しなければならないとしているが、それを実現さ

せるための具体的な政策内容については述べられていない。

9 本調査事業の視点と論点は加瀬（2009）を参照。その成果の要約は加瀬（2010）を参照。

10 2008 年において 50-54 歳の世代は 70 年代前半に就業年齢に達した世代であり、秋山（1993）は総固定資本形成との関係からこの世代の多くが他産業へ流出したことを説明している。

11 データは農林水産省『漁業・養殖業生産統計年報』による。

12 このなかには 2003 年にも「高齢者漁業」を営んでいたが年間海上作業従事日数が 30 日未満であったため農林水産省『漁業センサス』の対象から外れていたものもある。

第 5 章　農業経営形態の特性に見る離農と高齢化の要因

加藤　基樹

1.　はじめに

　わが国では少子高齢化が大きな社会問題となり、特に農山村における農業の衰退、農業従事者[1]数の減少によって、さらなる過疎高齢化が進行していると指摘されて久しい。そして、農山村の過疎高齢化をもたらした大きな要因の 1 つに農業の高齢化があるが、この農業の高齢化は、農業経済学の分野において、これまで大きく 2 つの方向から検討されてきたとみることができる。

　1 つは、いわゆる農業の構造問題から派生した農業の「担い手」問題の文脈において、「担い手としての高齢者」の占める割合が大きくなったことが指摘されてきた形である。誰が日本農業の担い手となるのか、そして、高齢者の占める割合が大きくなった状況において、担い手としての高齢者の役割はどのようなものかなどが検討されてきた。この点はたとえば、内田 (2007)の分析にあるように、高齢化した農業従事者が農業の担い手として非常に重要な位置を占めていて、基本的にこのことがわが国の農業、農山村を分析するときの前提となっているとされるものである。

　もう 1 つは、高橋 (2002) が「地域農業と高齢者に関する研究は、過疎地域論〜中山間地域論に連なる流れから生起し、1980 年代以降、農村生活研究における高齢者論と各地の地域研究を中心として、研究蓄積が多く見られるようになった」(P.38) とまとめているように、地域を分析するために、これを構成する要素として、農業や高齢者に着目したものである。なかでも、中山間地域の過疎化、高齢化によって、耕作放棄地が増大して国土の荒廃がもたらされ、また集落機能が維持できない状況は「限界集落」の議論へもつながっていく。

「限界集落」とは大野 (2008) が「65 歳以上の高齢者が集落人口の50%を超え、冠婚葬祭をはじめ田役、道役などの社会的共同生活の維持が困難な状態にある集落」(P.21) としているものである。単純に高齢化率のみで判断されるべきものではないが、農業用排水路、農道、ため池など農業用施設の維持管理機能、草刈り、清掃、街路樹の剪定等による景観の保持機能、寺社の維持管理機能、集落活性化のために行事等を企画・実施する機能、伝統文化の維持機能、集落の見回り・高齢者のお世話による防災・防火機能など、集落機能との関連で議論を提起した点は大いに評価されるべきであり、ここから地域コミュニティやその再生の検討につながっているとみることができる。

では、農業の高齢化は、同じ第1次産業である漁業の高齢化と比較検討するにあたってどのような示唆を与えることができるのであろうか。農業の高齢化は既存の農業従事者が高齢になっても農業を辞めないことと、若年層の農業従事者数が少なく、特にこの層の新規就農者が少ないことが原因になっていると考えてよい。おそらく漁業における高齢化も基本的には同じ構造で、既存の漁業従事者が高齢化しても辞めないことと、そのスピードが若年層を中心とした新規就漁者を上回っていることが原因であると考えられる。

そこで、本章では、結果として農業の高齢化をもたらすことと密接な関係のある「農業従事者が離農する要因」について検討することを課題とする。これによって、同じ第1次産業である漁業従事者の高齢化との対比に資するものとしたい。

そのために、まず統計資料から高齢化の実態を概観する。その上で「農業者が離農する要因」および、「辞めない要因」について、類型化した上で、中山間地域農業、都市近郊型農業、北海道大規模農業、畜産農業といった農業経営形態の違いを考慮して事例をもとに検討する。最後に、離農への新たな対応について、北海道の事例から言及する。

2. 高齢化の実態と分析の前提

　まず、わが国の高齢化の実態について確認する。

　表 5-1 は農業就業人口[2]、漁業就業者[3]、販売農家[4]、総人口 (15 歳以上) それぞれにおける 65 歳以上の高齢者の割合をみたものである。これによれば、2013 年において、農業就業人口の 65 歳以上割合は 61.8% となっており、漁業就業者 35.4%、販売農家 36.1%、総人口 28.8% と比して格段に高くなっている。そして、近年の推移を見ても農業就業者の高齢化が非常に進んでいることが数字からも明らかである。また、販売農家とは、定義にあるように農家[5]の世帯のことを指していて、農業に従事していない社会人や学生等が含まれているので、農業就業人口のそれよりもかなり小さい数値になっている。漁業就業者と販売農家は似たような数字の推移をたどっているが、この 2 つが総人口よりも約 10 ポイント高いという状況は確認しておきたい。

　表 5-2 は農業地域別に農業就業者の高齢化の推移をみたものである。これによれば、2010 年に山間農業地域では 68.9%、中間農業地域 64.8%、平地農業地域 57.0%、都市的地域 61.9% となっており、それぞれ 10 年間で 10 ポイント程度の上昇が見られる。もともと高かった条件不利地域である山間農業地域における高齢化率が、さらに高くなっていることがわかる。

　つぎに分析の前提として、北海道と都府県の農業構造の違いを確認する。表 5-3 は「経営耕地のある農家 1 戸あたりの面積」の比較であるが、これによれば北海道と都府県では一見して 10 倍以上の経営耕地面積の違いがあることがわかる。また、農林水産省『世界農林業センサス (2010)』によれば、北海道では全農家における販売農家の割合が 86.1% であるのに対して、都府県では 64.1% と大きな違いが見られる。またその販売農家にあっても北海道においては、専業農家 61.4%、第 1 種兼業農家 27.3%、第 2 種兼業農家 11.4% であるのに対して、都府県ではそれぞれ 26.8%、13.4%、59.8% となっており、その農業構造に大きな違いがあることがわかる。農業生産においては経営規模の大小はかなりの部分まで経営する農地面積にかかっている点が

表5-1　各分野の65歳以上人口とその割合

単位：万人

	2008年	2009年	2010年	2011年	2012年	2013年	2014年
農業就業人口		290	261	260	251	239	227
うち65歳以上		178	161	158	152	148	144
割合(%)		61.4%	61.6%	60.6%	60.3%	61.8%	63.7%
漁業就業者数	22	21	20	18	17	18	
うち65歳以上	8	8	7	6	6	6	
割合(%)	34.2%	35.8%	36.0%	36.0%	36.8%	35.4%	
販売農家人口	730	698	650	616	586	563	
うち65歳以上	245	238	223	213	206	203	
割合(%)	33.6%	34.1%	34.3%	34.5%	35.1%	36.1%	
総人口(15歳以上)	11,052	11,050	11,122	11,107	11,100	11,097	11,088
うち65歳以上	2,822	2,901	2,948	2,976	3,083	3,197	3,308
割合(%)	25.5%	26.2%	26.5%	26.8%	27.8%	28.8%	29.8%

注1：2011-2012年の漁業就業者は東北3県を除いた数値である。
注2：販売農家人口とは農家の世帯員数を表す。
注3：農業、漁業、販売農家の65歳以上人口の割合と比較するため、総人口は15歳以上の人口を分析の対象とした。
出所：総人口は2010年までは総務省『人口推計』、2011年以降は国立社会保障・人口問題研究所『日本の将来推計人口』（平成24年1月推計)[出生中位(死亡中位)]推計値による。それ以外は農林水産省『農林水産基本データ集』（2014年9月6日検索取得）より作成。

表5-2　農業地域分類型別の農業就業人口と高齢化率

単位：万人、(%)

	2000年	2005年	2010年
都市的地域	89.1	76.0	57.4
	(51.6)	(56.9)	(61.9)
平地農業地域	145.7	128.1	99.5
	(49.9)	(54.6)	(57.0)
中間農業地域	114.4	96.6	76.3
	(55.3)	(61.3)	(64.8)
山間農業地域	39.9	34.6	27.4
	(59.7)	(65.2)	(68.9)

注：（）内は高齢化率（=65歳以上農業就業人口/全農業就業人口）を表す。
出所：農林水産省『平成23年度食料・農業・農林白書』より引用。

第5章　農業経営形態の特性に見る離農と高齢化の要因　119

表5-3　経営耕地のある農家1戸あたりの面積

単位：ha

	2009年	2010年	2011年	2012年	2013年	2014年 （概数値）
全国平均	1.91	1.96	2.02	2.07	2.12	2.17
北海道平均	20.5	21.48	22.01	22.34	23.18	23.35
都府県平均	1.41	1.42	1.46	1.49	1.52	1.55

注：対象とする農家は販売農家である。
出所：農林水産省『農林水産基本データ集』(2014年9月6日検索取得)より引用。

漁業と決定的に違う特徴であるが、この点を指摘するまでもなく、北海道と都府県では農業構造に大きな違いがあることが理解される。

3.　農業従事者が離農する要因の検討

　前節で述べたように農業の高齢化は、既存の農業従事者が高齢になっても農業を辞めないことと若年層の新規就農者が少ないことが原因であると考えられる。そこでこの前者との関連で、農業従事者が離農する要因について検討することにしたい。

　この農業従事者が離農する要因を大きく類型化すると、個人的な事情、農業構造に起因するもの、政策・制度的要因の3つとすることができる。最初の個人的な事情というのは、高齢や病気、家族の看病や介護のために働くことができなくなった、あるいは、家の事情で転出しなければならなくなり離農を余儀なくされた、などが挙げられる。これらは農業や第1次産業に限ったことでなく、一般的な離職要因と考えられるので、本稿では検討の対象としない。

　したがって、農業構造に起因するものと政策・制度的要因が分析の対象となるのだが、これを2011年から2013年にかけて、中山間農業地域(長野県野沢温泉村、新潟県十日町市)、都市近郊農業地域(茨城県八千代町)、北海道大規模農業地域(北海道岩見沢市)、畜産農業地域(熊本県曽於市)で、行政、農業委員会、JA等に対して実施した聞き取り調査の結果とあわせて、要因と考えられるものを取り上げ、考察をすすめることとしたい。

120

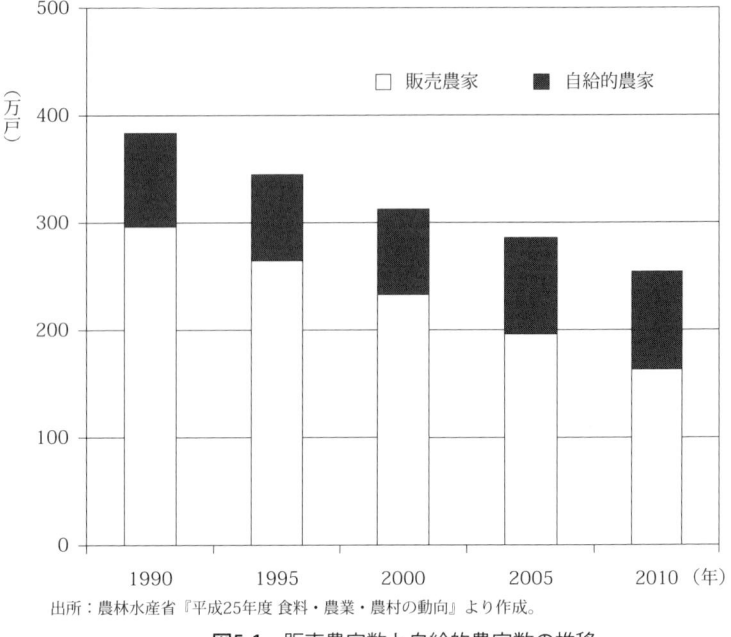

出所：農林水産省『平成25年度 食料・農業・農村の動向』より作成。

図5-1 販売農家数と自給的農家数の推移

(1) 農業構造に起因するもの

①稲作のもつ特性

　図 5-1 は農家数の推移を販売農家と自給的農家[6]（注6）に分けて積み上げた
ものである。これによれば、1990 年から 20 年間で農家戸数は 130 万戸以
上減少したにもかかわらず、自給的農家の戸数はむしろ増加しており、結果
として、自給的農家の割合は 10 ポイント以上の上昇がみられる。自給的農
家は年間販売額が 50 万円未満なのだから（定義による。注 6 を参照。）、こ
れが増加して販売農家が大きく減少しているというのは、農業経営によって
生計を立てるというよりも「余暇生きがい型農業」という零細な形態で存続
する農家が増えているということである。高齢の農家は小規模経営になるの
が一般的であるので、自給的農家に分類される割合が大きくなりがちであり、
逆に言えば農業においては高齢であっても小規模ゆえに農業経営、あるいは、

第 5 章　農業経営形態の特性に見る離農と高齢化の要因　121

耕作が継続しているということを示している。この自給的農家の性格は漁業従事者と比較する際に考慮する必要があるが、その意味ではたとえ高齢でも体力的に働けなくなった場合を除き、特に持ち家があることや年金を受給していることなどの条件が揃えば、単に高齢になったからという事情はかなりの程度まで離農の要因とはならないことが指摘される。

　この理由については考察が必要であろう。農林水産省『世界農林業センサス（2010）』によれば、都府県の農地は田が 71.2%、畑が 21.1% である。また、全農家に占める自給的農家の割合は、北海道が 14% であるのに対して、都府県では 36% となっている。このように都府県では、農地の田面積割合と自給的農家の割合が大きいことから、一般的に、自給的農家は稲作農家を想定できる。そして、田における稲作がほとんど機械化されているからこそ、必要な農業機械が動く限りは「余暇生きがい型」として農業を辞めないのである。

　また販売農家であっても、経営規模にもよるが、農業機械の利用によって稲作の兼業は可能である。というのは、農林水産省『農業経営統計調査　平成 23 年産米及び麦類の生産費』によれば、稲作 10a あたりの 1 シーズンの労働時間は 26.1 時間となっており、他に仕事を持っていたとしても、連休や土日等を上手く利用して田植えや稲刈りなどの主要作業を行い、また地域に担い手がいる場合には、部分的に作業を委託するなどして経営することも可能だからである。これによって 30a 以上の経営・販売額 50 万円以上という販売農家の要件を満たす規模の経営が可能になるのだが、むしろ兼業であるからこそさらに規模拡大しなくても構わないともいえるのであり、その結果として、稲作においては自給的農家だけでなく、兼業農家も存続している状況であると言えよう。さらにいえば、農地を相続した定年退職者が小規模で経営したり、高齢者による小規模の新規参入をしたりする例が見られる[7]のもこの稲作の特性によるといってよい。

　つまり都府県では経営面積が小さく、したがって自給的農家や小規模の販売農家が多く、しかも農地が田中心であることが兼業を可能にし、このような稲作の特性は農家が農業を辞めない大きな要因となっているといえるので

ある。

　ただし農業機械が修理できないほどに壊れた場合にはこれが離農する要因となり、しかも条件不利地域であれば農地は耕作放棄地に転落することを意味している。

②農業機械の更新

　上記で農業機械が壊れない限りという条件をつけたのは、小規模経営であるほどに農業機械の更新ができるだけの十分な農業経営による剰余が得られていないからである。

　そこで農業所得について検討したい。田 10a あたりの米の販売額 (売り上げ) は、地域や品種、気候、その他の条件に大きく左右されるが、仮に 11.7 万円程度という金額が計算により得られる[8]。それに対して、農林水産省『農業経営統計調査 平成 24 年産 米生産費』によれば、その生産費は 14.1 万円であり、差し引き 10a あたり 2.4 万円程度が赤字となる。この状況でなぜ農業をやっていけるのかといえば、それは自家労働を低く評価しているからである。

　というのは、上記の生産費のうち、物材費部分が 8.5 万円となっており、残りの部分のおよそ 5.6 万円が労賃と支払利子・地代である。ここに 3.2 万円の家族の直接労働費が含まれており、この部分を低く評価すれば赤字経営にならないという論理である。

　自らの賃金を低く評価することによってかろうじて収支を合わせることができているような収支状況では当然、高価な農業機械の更新は不可能である。だからこそ、農業機械が壊れなければという条件が必要になるのであり、逆に言えば都府県で稲作を経営する農家を主として、農業機械が壊れることが離農の大きな要因となっていることがわかる。

③他産業への就業機会と農地の担い手

　破産などやむを得ない状況を除いて、農業従事者が離農するにあたり考慮しなければならないのは、離農後の収入と所有農地の処遇である。前者は兼業農家であれば、前項で検討した通り、もともとそれほどの農業収入を期待していなかったのだから問題にならない場合が多いかもしれないが、専業農

家の場合はどうであろうか。また高齢者ならばその時点から何か仕事を得ることは想定せず、年金やそれまでの蓄えを頼りにすることになろうが、さらに若い世代であれば他に仕事を求めなければならない。この点で都市近郊農業地域において近隣に就業機会があれば、ない場合と比べて心理的にも離農しやすくなるだろう。つまり、他産業へ就業機会があるというのは、条件不利地域よりも都市近郊農業地域において当てはまる離農要因であるということができる。

　また後者についてはその地域で農地の引き取り手がいれば、売ったり、貸したりして離農、転出することができるが、条件不利地域では農地の担い手が不足している場合が多く、買い手や借り手がつかない農地は耕作放棄地に転落することになる。これは借り手も買い手もいないのであるから、離農時に資産である農地を処分できないということであり、さらに、耕作放棄地となることでこの農地を持ち続けても資産価値が非常に小さいものとなってしまうということである。逆に、都市的農業地域や平地農業地域において、農地を地域の担い手に集積することができる場合には、農地の処分がしやすい。つまり、周辺に農業の担い手がいることは離農をしやすくする要因となり得ることを意味している。

④負債による離農

　北海道の大規模農業地域では、農地を資産と考え、規模拡大には売買で対応する傾向がある。これは都府県において規模拡大のために賃貸借という手段が用いられるのとは異なった傾向であり、そのため北海道では経営面積が大きいこととあわせて、各農家、農業経営体の負債も多い。

　表5-4は農林水産省『営農類型別経営統計』をもとに1経営あたりの借入金について全国平均と北海道を比較したものである。ここからわかるように、稲作、畑作、それぞれの主業農家[9]、野菜作、果樹作農家で北海道が全国平均を大きく上回っている。ここでは経営農家の貯蓄額を考慮していないため負債額と同義ではないが、北海道の主業農家では平均1千万円以上の借入金があるというのは、不測の事態によって一気に経営が厳しくなる可能性があることを示している。

表5-4　1経営あたりの平均借入額

単位:万円

	全国	北海道	都府県
稲作	38	681	
畑作	204	1,097	72
稲作(主業)	339	1,104	214
畑作(主業)	525	1,367	162
野菜作	78	582	
果樹作	65	87	
酪農	1,548	3,619	769

注:全国の肥育牛の借入額は2,356万円であり、養豚の借入額は1,290万円である。
出所:農林水産省『営農類型別経営統計(2010)』より作成。

　他方、農地の価格はバブル期以降下落を続けている (図5-2)。現在はおよそ下げ止まりの低値安定の状況にあるのだが、このことは単に農地の資産価値の低下だけを意味しているのではない。重要なのは所有している農地の担保価値が低下したことであり、これによって規模拡大のための新たな借入をすることが難しくなってきた状況も見られる。農作物の価格低下や経営の失敗によって負債がさらに増えると離農せざるを得ない状況に追い込まれる。

　この負債による離農という構造は、畜産農業地域でも比較的多くみられる。畜産経営では設備のために大規模な投資が必要であるが、畜産物や生乳の価格低迷によって、畜産農家の収益が減少すると、借入金の返済が困難になり離農するというものである。このように両地域では大きな投資を必要とする傾向があり、そのこと自体が離農の要因になるとみることができよう。

(2) 政策・制度的要因

①品目横断的経営安定対策

　北海道大規模農業地域における特有の離農要因として2007年の品目横断的経営安定対策の影響があげられる[10]。同政策は、北海道10ha以上、都府

第 5 章　農業経営形態の特性に見る離農と高齢化の要因　125

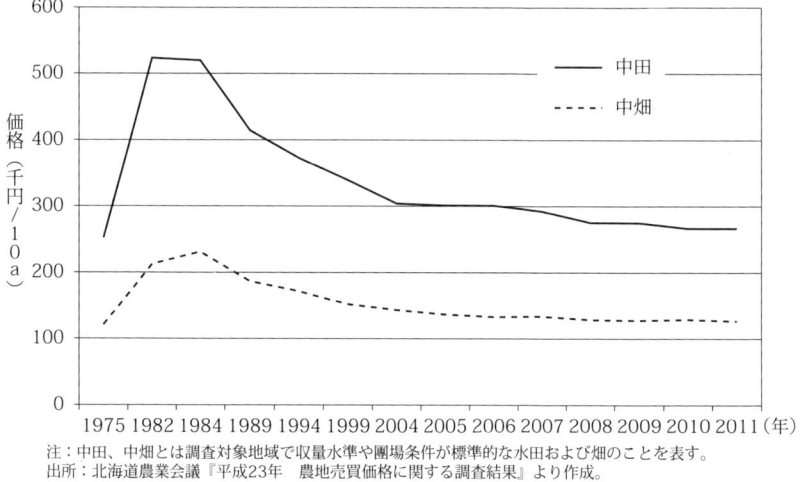

注：中田、中畑とは調査対象地域で収量水準や圃場条件が標準的な水田および畑のことを表す。
出所：北海道農業会議『平成23年　農地売買価格に関する調査結果』より作成。
図5-2　北海道の農地価格の推移（純農地の平均価格）

県 4ha 以上を経営する認定農業者と 20ha 以上の集落営農組織を対象とし
て優遇するもので、諸外国との生産条件格差の是正対策 (ゲタ対策) と、収
入の変動による影響の緩和のための対策 (ナラシ対策) から成り立っている。
前者は麦と大豆について過去の生産実績に基づく支払いである緑ゲタと、毎
年の生産量、品質に基づく支払いである黄ゲタから構成されており、後者は
米、麦、大豆については減収額の 90% を補償するというものであった。

　同政策はとにかくシステムがわかりにくく、出荷時点でさえ補助金の金額
がわからないために次年度の経営計画が立てにくいなどの批判があったが、
なによりも経営面積の大きい農家を優遇したところにそれまでにない特徴が
見られた。そしてこの大規模農家優遇政策は、多数を占める小規模農家の有
権者の反感を買い、2007 年の参議院選挙で自民党が大敗する一因となった
ともいわれる。

　そして道内の複数の農業団体への聞き取り調査によれば[11]、この政策が
北海道では 10ha 以下やそのレベルの経営農家にとって農業を辞めるきっか
けになったという評価が得られた。つまり北海道においては同政策が 10ha
以下層を中心に離農が進む要因になったというのである。

126

　図 5-3 は北海道における離農戸数とその 1 戸あたり処分面積の推移である。これによれば、2007 年度以降それまでに一通りの離農が収束し離農戸数も減少したところから、「ダメ押し」のように離農を促進したように見える。しかも 1 戸当たりの処分面積もピーク時に並ぶ 10ha 超となっており、現場の実感がこのように数字に現れていることがわかる。

　表 5-5 は北海道の離農 1 戸当たりの年齢階層別処分面積の推移である。これによれば、2008 年から農地の平均処分面積 (表の右端) が 10ha を超えており、さらに、2009 年からは 40-64 歳層の中高年層において平均処分面積が 15ha を超えている。つまり、同政策はこれまでよりも規模の大きな経営の離農を促すとともに、中高年層においてより顕著に、これまでよりも大きな面積での離農を促す要因となったことがわかる。

　このように同政策はシステムがわかりにくいとの指摘があったにもかかわ

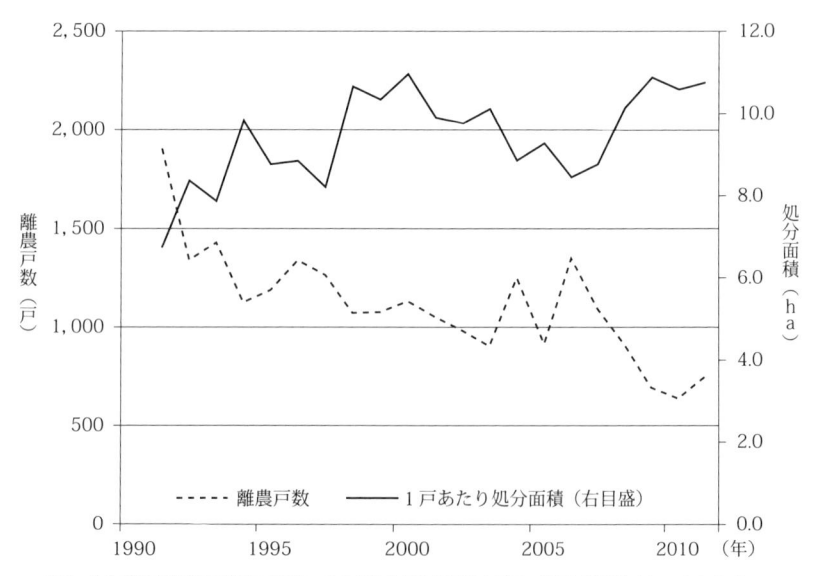

出所：北海道農政部農地調整課『離農に伴う農地流動化状況調査結果の概要（関係各年）』より作成。

図5-3　北海道における離農の推移

第 5 章　農業経営形態の特性に見る離農と高齢化の要因　127

表5-5　北海道の年齢別農地処分面積の推移

単位:ha

	29歳以下	30-39歳	40-49歳	50-59歳	60-64歳	65歳以上	平均値
2004年	10.6	18.4	13.0	10.7	9.1	4.8	7.6
2005年	9.8	28.0	14.2	11.8	10.7	6.3	9.3
2006年	19.6	12.9	14.2	10.4	10.3	5.8	8.5
2007年		15.2	16.5	14.4	9.3	5.7	8.8
2008年	7.4	17.5	14.7	14.4	13.2	6.9	10.1
2009年		17.9	19.2	15.3	15.5	6.8	10.9
2010年	0.8	7.8	15.6	18.2	18.0	6.3	10.6
2011年	5.1	18.3	18.9	14.6	15.2	7.3	10.7

出所：北海道農政部農地調整課『離農に伴う農地流動化状況調査結果の概要（関係各年）』より作成。

らず、大規模経営を優遇してこれに誘導するという目的が一定程度果たされており、しかもこのことは北海道において実感されている通りであることが明らかになった。そして大規模経営に誘導するということは、相対的に小規模な経営が退出するということであるから、同政策は離農を促進した要因の1つであるとみなすことができよう。

②農業者年金制度

　従前において高齢者の離農と若い世代への経営移譲を促したものに1971年に成立した旧農業者年金制度がある。これは経営移譲年金と農業者老齢年金に分かれており、前者は国費で賄われ、後者は加入者が受給者を支える賦課方式であった。そして受給については、保険料の納付期間20年以上の農業従事者が、昭和32年1月1日までに生まれて、65歳までに経営を移譲した場合は経営移譲年金を受給し、65歳までに移譲しなかった場合は農業者老齢年金を受け取る。また、同じく保険料の納付期間が20年以上で、昭和32年1月2日から昭和57年1月1日に生まれた65歳までに経営移譲しなかった農業従事者も農業者老齢年金65歳から受け取るというものであった。ここでの経営移譲とは、60歳未満の後継者や第三者に対して経営に関する権利を譲り渡したり、貸したりするもので、実態として農業経営か

ら引退することを意味している。

　この制度では、加入者は満 60 歳を過ぎれば年金を受け取れるのだから、高齢の農業従事者はいつまでも農業を続けるのではなく、若い世代へ経営移譲しようとするインセンティブがあった。つまり、同制度は満 60 歳以上の農業経営者が離農する要因のひとつとなっていたといえる。

　しかしその後、農業従事者数が減少するとともにこの年金の加入者も減ってくる一方で、満 60 歳を過ぎた農業従事者は経営を移譲して受給者となっていった。さらに加入者が減って受給者が増える状況が続き、加入資格のある 60 歳未満の農業従事者に占める加入者の割合が 50％を割り込むという悪循環に陥る。そしてついに受給者 74 万人に対し加入者 (被保険者)25 万人と受給者 3 人に対して加入者 1 人という状況になった。こうして 2001 年にこの制度は破綻して清算するに至り、2002 年 1 月 1 日をもって旧制度の農業者年金被保険者は全員資格を喪失することとなったのである。

　そして破綻した旧制度に変わって 2001 年に成立した新たな形の農業者年金制度は積立運用型である。すなわち加入者が自分で積み立てた基金が運用され、やがて自分の年金として受け取る仕組みである。これならば破綻などのリスクがないという点で現状に対応することはできるが、受給する金額がそれほど大きくない場合が多く、積極的に加入する魅力に欠けているという。また、基本的に自分が納付した保険料が運用されて戻ってくる形であるので、むしろ農業を続けて働ける限りは働こうとすることになる。したがって、加入者数も 2012 年度末で 10.5 万件程度にとどまっているのである。このように、現行の農業者年金制度には旧制度のように経営権を若いうちに譲渡するインセンティブがなく、つまりは高齢者の離農の要因とはなっていない。

③農業者戸別所得補償制度

　農業者戸別所得補償制度は、2009 年に政権交代を実現した民主党のマニフェストによるものである。その内容であるが、当初は米の生産調整を達成することを条件として、田 10a あたり 1.5 万円の交付金がその耕作者に支払われる制度であった。その後民主党政権下において、「ナラシ」とよばれる米価が下落したときに生産費との差額を補填する制度[12]と、水田利活用

自給力向上事業における転作部分への交付金の制度もここに統合されている。

この制度は農業従事者が農業を継続する、つまり農業を辞めない要因になったであろうか。結論からいうと、特に経営規模の小さい中山間地域において同制度は農業を継続する要因にはならなかったといえる[13]。その理由は受け取る交付金が非常に小さいからである。たとえば 20a を作付する稲作の自給的農家が受け取る交付金は 1.5 万円、1ha 強の経営を行う販売農家で 15 万円程度にすぎないからである[14]。したがって、この制度があるからこそ農業を存続したいというインセンティブにはなり得ず、この制度が数多くの小規模経営農家に対する実質的なバラマキであると批判されたのもやむを得ないであろう。

他方、北海道や平地農業地域のような大規模経営において、この交付金の制度は経営に非常に大きな影響を与えている。仮に水田 20ha、転作田 30ha を経営した場合、戸別所得補償額は 1,350 万円にもなったからである[15]。もちろん生産コストを考慮した場合、この程度の交付金がなければ経営が成立しないのであるが、同制度では経営規模が大きくなるほどに交付金の大きさが存在感を増しており、この金額の水準であれば経営の存続に対して大きく影響していると考えられる。

なお、同制度は 2012 年に自公政権に戻った後、経営所得安定対策と名称変更して存続したが、2014 年度から 2017 年度までは交付金額がそれまでの半額である 10a あたり 7,500 円となり、2018 年には廃止されることが決定している。

4. 北海道における新たな経営形態と若年層の就業についての検討

(1) 北海道の B 法人について

農業の高齢化は、既存の農業従事者が高齢になっても農業を辞めないことと若年層の農業従事者、特に新規就農者が少ないことが原因であると述べた。ここでは後者の新規就農について触れておく。新規就農については国や地方

自治体が様々な対策を講じているが、逆からみればこれは農業の担い手となる後継者が足りないから、新規の就農者を募集しているという側面がある。つまり、本質的には担い手の問題でありこの点を北海道の事例から検討していきたい。

　北海道で離農する際の大きな問題は、担い手、すなわち離農者の農地を誰が引き受けるかという点である。これは2つの意味で重要で、1つは地域農業のためにも耕作放棄地に転落することがないように買い手を探す必要があり、もう1つは離農者の借入金の清算、すなわち負債を処理するために一定以上の価格で購入する農家を探さなければならないということである。

　前記のように北海道では規模拡大する手段として農地を購入する傾向があるため、農地を購入する農家はその償還に耐えられる体制として、農業の後継者がいることが必須となる。しかし、北海道で同居の後継者がいるのは24.3％[16]にすぎず、離農の際の農地の引き受け手が大きな問題となっている。

　そこで事例として、北海道A市のB法人を取り上げる。同法人は旧村内の周辺農家3戸が有限会社を設立したものであり、この3戸からそれぞれ1名が法人の役員となっている。雇用は、常勤1名、アルバイト2名であり、経営面積はおよそ140haで、うち米が56ha、小麦と大豆で50ha、ほか菜種、デントコーン、そばなどを作付けしている。役員3名は個人の所有農地計54haと農業機械をこの法人に貸し付けて農地の地代と機械の使用料を受け取る。

　この法人を設立したのは、現在役員となっている構成農家がそれぞれの家族経営に限界を感じていたことによっている。そして、3戸の農家はB法人を設立することで大規模経営のメリットを享受することができる体制になったことを意味しており、ここには前項で検討した大規模経営における戸別所得補償制度の交付金の有利さも含まれている。

　またこれまでであれば3戸の農家はそれぞれ後継者について対策をする必要があり、さらに農地を取得して規模拡大を目指す場合には、各戸に農業後継者がいることが必須であった。ところがB法人を設立することで、各農家は農業後継者を必要としなくなり、法人が必要に応じて社員を雇用し、

第5章　農業経営形態の特性に見る離農と高齢化の要因　131

いずれこの社員が役員となって経営を担当することで法人が存続していくことになる。そして法人としての経営計画をもとに、意欲的に規模拡大をすることもできるのである。

　この法人に対して農地や農業機械を貸し付けている役員には、法人が続く限り地代や使用料が支払われるので、これが法人を存続させるインセンティブにもなっている。またこれらの地代や使用料があれば、高齢になった役員はいつまでも働く必要がなくなるので、法人の規定する年齢で定年退職し、順次若手に経営を移譲していくことで組織を活性化させることができるのである。

　経営上の課題としては2点が指摘される。1つは、この地域ではかなりの程度まで離農が進み、農地はすでに地域の担い手に集積しているので、売りに出る農地が少ないということである。つまりさらなる経営規模拡大のために、B法人のような農地購入希望者がいたとしても、現状ではそれがかないにくいということである。

　もう1つは、今後農地の償還時期が来るので、それまでに償還に耐えうる利益を積み上げられるかという点である。前記のように、北海道は農地を賃貸でなく購入によって規模拡大する傾向にある。その際北海道では、実質的に農地の引き渡しから償還の開始まで時間差をつけることで規模拡大を支援する農地保有合理化事業が利用されることが多いのだが、この償還時期が2018年頃から集中的に開始されるのである。当然このコストは経営を圧迫するものであり、今のうちにできるだけの蓄積をしてこの償還に備えたいと感じている。

　いずれにしても、このように法人を設立することで、既存の経営は農業経営の規模拡大の障害となっていた後継者の問題を回避することができている。他方、新規就農希望者にとっても法人に就職して技術や経営を学ぶことができる点は大きなメリットであり、新規就農の敷居を低くするものであるといえる。若年層を取り込むことによって大規模経営を特徴とする北海道の担い手の問題に対応できるものである。

　ただし、このやり方は注目に値するが、農業経営の法人化とその雇用や新

132

規就農の議論の中で多く指摘されてきたように、これを一般化する段階にあるとはいえない。それは各農家がもともと経営者であるために気質がぶつかり合い複数の農家が法人を設立して一緒に経営するのは難しいからであり、実際、Ａ市内でもこのような形態はまだ３法人しか見られない。このような困難さは漁業と共通するところであると思われるが、経営だけでなく、心理的な要素も含めて今後の課題となっているといえよう。

(2) 農業の法人化と漁業における「雇われ」

　上記の農業における法人の設立と若年層を中心とした新規就農との関連で、漁業における「雇われ」についても述べておきたい。

　図5-4は漁業就業者における「漁業雇われ」の割合と年齢階層別の割合

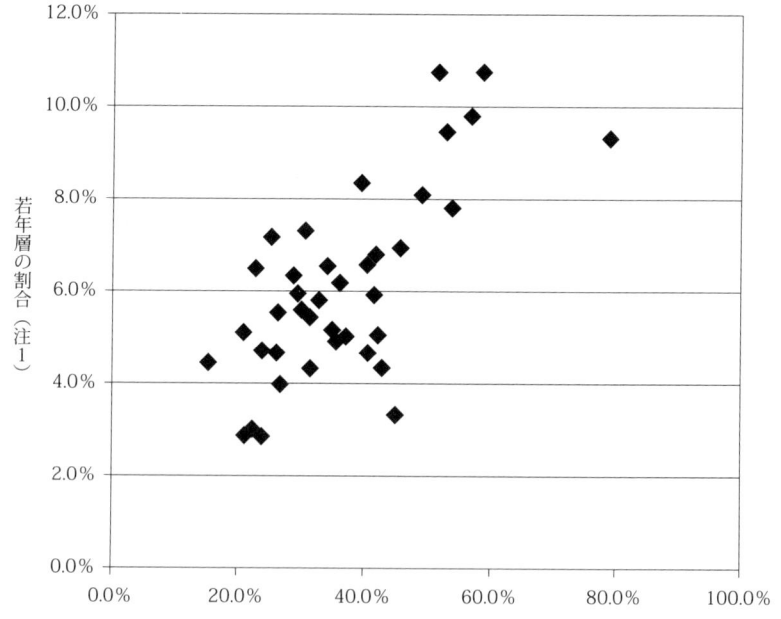

注１：若年層の割合（＝(15-29歳漁業就業者)/漁業就業者）である。
注２：漁業雇われの割合（＝漁業雇われ/漁業就業者）である。
出所：農林水産省『漁業センサス（2008）』より作成。

図5-4　「漁業雇われ」の割合と若年層の割合の関係

第5章 農業経営形態の特性に見る離農と高齢化の要因 133

を都道府県別にみたものである。横軸に漁業就業者のうち「漁業雇われ」が占める割合、縦軸に「15歳から29歳まで」の割合を都道府県別にプロットしている。これによれば、若年層の割合が大きい北海道、宮崎県、茨城県、兵庫県といった地域では「漁業雇われ」の割合も大きいという関係が見られた。これはしばしば指摘されている通りで、相関係数も0.70とやや強い正の相関を示している。農林水産省『漁業センサス（2008)』によれば、漁業就業者約22.2万人のうち、36.4%が「漁業雇われ」であり、「漁業雇われ」の年齢別区分は示されていないが、比較的大きな割合を占めていることもこの関係の補強材料となるであろう。

漁業における「雇われ」は、農業におけるB法人のような形態を想定することができる。このようにして新規就農者が技術や経営を学ぶことができれば、農業においても若年層を中心とした新規就農に寄与することができると思われる。

また、図5-5は漁業就業者と農業従事者の年齢階層別割合である。これによれば、15-29歳層だけでなく30-39歳層でも、漁業就業者より農業従事者の割合が大きく、40-49歳層になって初めてこれが逆転している。この意味で、農業と比較した場合の漁業における高齢化の進行は、高齢者層の滞留

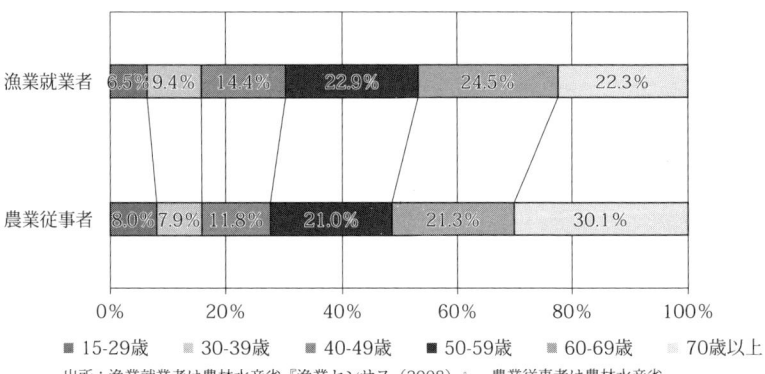

出所：漁業就業者は農林水産省『漁業センサス（2008)』、農業従事者は農林水産省『世界農林業センサス（2010)』より作成。

図5-5 漁業就業者と農業従事者の年齢階層別割合

よりも若年層が参入しないことがその要因となっているといえるのではないだろうか。この点については、農業の法人化と漁業雇われをさらに精査することが必要になると思われる。

5. おわりに

　本章では、農業従事者が離農する要因を、個人的な事情、農業構造に起因するもの、政策・制度的要因の3類型として後2者について検討してきた。農業構造に起因するものとしては、稲作のもつ特性、農業機械の更新、他産業への就業機会、負債という4要因をあげた。また、政策・制度的要因としては、品目横断的経営安定対策、農業者年金制度、農業者戸別所得補償制度の3要因について、主に農業地域別の特徴を意識しながら考察してきた。同じ第1次産業でも類似点と相違点があるために、これらの要素については漁業側の考察を待ちたい。

　ただし重要なのは農業経営の規模はかなりの程度まで経営農地の大小と密接に関係していることで、この点は漁業とは決定的に違っている。そしてわが国の農家の多くは自給的農家や第2種兼業農家であり、それらの多くは条件不利地域に展開している。本稿におけるこれらの条件不利地域における小規模経営農家に関する検討は、都府県の小規模な稲作の兼業農家が存続していることが高齢化を支えていることと、高齢化して体力的に働けなくなったことを除けば、農業機械の更新ができないことだけである。

　しかしこれらの農家が条件不利地域において国土保全を含めた農業の多面的機能の発揮に貢献していることは確かであり、産業面からだけでなく多面的機能の具現者としての農業も再評価する必要がある。そのためにもこれらの地域を対象とした「中山間地域等直接支払制度」や「農地水保全管理支払交付金」等の諸政策についてはその政策的な見通しも含めて今後の検討課題としたい。

参考文献

相川良彦『少子高齢化と農村』筑波書房、2009 年。

内田多喜生「後期高齢者への依存を高める日本農業」『農林金融』第 60 巻第 7 号、2007 年、p371-383。

大野晃『限界集落と地域再生』京都新聞出版センター、2008 年。

小田切徳美『農山村再生』岩波書房、2009 年。

郷原拓男、秋山邦裕「農の持つ福祉力の検証」『鹿児島大学農学部学術報告』第 58 巻、2008 年、p29-35。

清水徹朗「新規就農を巡る最近の動向」農林中金総合研究所『調査と情報』第 17 号、2010 年、p2-3。

高橋巌『高齢者と地域農業』家の光協会、2002 年。

玉里恵美子『高齢社会と農村構造』昭和堂、2009 年。

山下祐介『限界集落の真実』筑摩書房、2012 年。

---

[1] 農林水産省『世界農林業センサス (2010)』の定義によると農業従事者とは「農家を構成する 15 歳以上の世帯員のうち、調査期日前 1 年間に自営農業に従事した者」ある。

[2] 農林水産省『世界農林業センサス (2010)』の定義によると農業就業人口とは「15 歳以上の農家世帯員のうち、調査期日前 1 年間に農業のみに従事した者又は農業と兼業の双方に従事したが、農業の従事日数の方が多い者をいう」である。

[3] 農林水産省『漁業センサス (2008)』の定義によると漁業就業者とは「満 15 歳以上で過去 1 年間の漁業の海上日数に 30 日以上従事した者」である。

[4] 農林水産省『世界農林業センサス (2010)』の定義によると販売農家とは「経営耕地面積 30a 以上、または年間農産物販売額が 50 万円以上の農家」である。。

[5] 農林水産省『世界農林業センサス (2010)』の定義によると「農家」とは「経営耕地面積 10a 以上、または、経営耕地面積が 10a 未満であっても年間農産物販売額が 15 万円以上のもの」である。

[6] 農林水産省『世界農林業センサス (2010)』の定義によると「自給的農家」とは「販売農家」以外の農家、すなわち「経営耕地面積 30a 未満、かつ年間農産物販売額

が 50 万円未満の農家」である。

7 たとえば清水 (2010) など。

8 60kg（1 俵）を 13,000 円、10a あたりの平均収量を 540kg（9 俵）とした場合、10a あたり 13,000（円）× 9（俵）=117,000（円）の販売額が計算される。

9 農林水産省『世界農林業センサス（2010）』の定義によると主業農家とは「農業所得が主 (農家所得の 50％以上が農業所得) で、1 年間に 60 日以上自営農業に従事している 65 歳未満の世帯員がいる農家をいう」である。

10 名称がわかりにくいという理由で、翌年に「水田畑作経営所得安定対策」（都府県は「水田経営所得安定対策」）と改称している。

11 北海道農業会議、JA いわみざわ、JA びえい等への聞き取り調査による。

12 水田畑作経営所得安定対策のナラシ部分と重複がある場合にはその分を控除する。

13 前記の中山間地域での聞き取り調査の結果による。

14 10a の控除があるため、20a の作付けでは、1.5 万円× 10a=1.5 万円、1.1ha の経営では、1.5 万円× 100a=15 万円となる。

15 水田部分 1.5 万円× 2000a=300 万円、転作部分 3.5 万円× 3000a=1,050 万円の合計 1,350 万円という計算による。

16 農林水産省『世界農林業センサス（2010）』による。なお、都府県は 41.9％である。

第6章　高齢者就業の実態と社会保障政策の課題
　　　―漁業者の高齢化問題を考える視座の設定―

下田　直樹

1.　はじめに

　日本をはじめ多くの先進諸国や、一部発展途上国においても、少子・高齢化が急速に進行しつつあり、将来の労働力人口減少に伴う潜在成長率の低下や社会保障制度の維持可能性の問題などが危惧され始めている。そのため、女性とともに高齢者にも労働力として長く就業を継続してもらうことが重要な課題となってきている。被雇用者については、2006年に続き、政府は高齢者雇用安定法を改正し、企業に対して定年年齢を引き上げるか、定年制を廃止するか、定年を迎えた希望者全員を継続雇用するかの選択を義務づけ、法規制によって65歳までの就業継続を進めようとしている。これまで被雇用者については、主に定年制によって、高齢者の継続雇用・就業が妨げられてきたことを考えれば、当然の措置ともいえよう。

　本稿は、こうした高齢者の継続雇用・就業が高齢社会における最重要課題となったことをふまえ、高齢者雇用・就業の実態と、そのための政策的課題を明らかにしようとするものである。その中で高齢者に就業機会を提供する場としての自営業(農漁業及び個人商店等)の重要性に着目し、それを今後も維持していくメリットとそのための課題に言及したい。

2.　高齢化の現状

　現在、日本は高齢社会の域を超えて、超高齢社会へと社会の姿を大きく変えつつある。もちろん、高齢社会化そのものは慶賀すべき現象でもあり、このこと自体、経済・社会発展の重要な一帰結と見なすことができる。高齢化は、

表6-1　高齢化の推移と将来推計

年	総人口（万人）	年齢別人口（万人）			年齢別人口割合（%）		
		0〜14歳	15〜64歳	65歳以上	0〜14歳	15〜64歳	65歳以上
1920	5,596	2,042	3,261	294	36.5	58.3	5.3
1925	5,974	2,192	3,479	302	36.7	58.2	5.1
1930	6,445	2,358	3,781	306	36.6	58.7	4.8
1935	6,925	2,555	4,048	322	36.9	58.5	4.7
1940	7,308	2,637	4,325	345	36.1	59.2	4.7
1945	7,200	2,648	4,182	370	36.8	58.1	5.1
1950	8,411	2,979	5,017	416	35.4	59.6	4.9
1955	9,008	3,012	5,517	479	33.4	61.2	5.3
1960	9,430	2,843	6,047	540	30.2	64.1	5.7
1965	9,921	2,553	6,744	624	25.7	68.0	6.3
1970	10,467	2,515	7,212	739	24.0	68.9	7.1
1975	11,194	2,722	7,581	887	24.3	67.7	7.9
1980	11,706	2,751	7,883	1,065	23.5	67.3	9.1
1985	12,105	2,603	8,251	1,247	21.5	68.2	10.3
1990	12,361	2,249	8,590	1,489	18.2	69.5	12.0
1995	12,557	2,001	8,716	1,826	15.9	69.4	14.5
2000	12,693	1,847	8,622	2,201	14.6	67.9	17.3
2005	12,777	1,752	8,409	2,567	13.7	65.8	20.1
2010	12,806	1,684	8,174	2,948	13.1	63.8	23.0
2015	12,660	1,583	7,682	3,395	12.5	60.7	26.8
2020	12,410	1,457	7,341	3,612	11.7	59.2	29.1
2025	12,066	1,324	7,085	3,657	11.0	58.7	30.3
2030	11,662	1,204	6,773	3,685	10.3	58.1	31.6
2035	11,212	1,129	6,343	3,741	10.1	56.6	33.4
2040	10,728	1,073	5,787	3,868	10.0	53.9	36.1
2045	10,221	1,012	5,353	3,856	9.9	52.4	37.7
2050	9,708	939	5,001	3,768	9.7	51.5	38.8
2055	9,193	861	4,706	3,626	9.4	51.2	39.4
2060	8,674	791	4,418	3,464	9.1	50.9	39.9

出所：2005年までは総務省『国勢調査』より作成。それ以降は国立社会保障・人口問題研究所『日本の将来推計人口』
（平成24年1月推計）[出生中位(死亡中位)]推計値による。

個人というミクロ的視点から見れば、それだけ長生きできるようになったこ
とであり、社会全体というマクロ的視点で見れば、そうした長寿の高齢者が
層として増えたことを意味する。このこと自体は人類が長い間希求し続けて
きた、いわば「不老長寿」社会の実現でもある。しかし、高齢化率[1]という
場合には、高齢者数やその死亡率の増減だけでなく、年々の出生数・合計特
殊出生率 (以下、出生率)[2]やそれとリンクする生産年齢人口の増減、移民
等の流出入に影響を受け変動する。そしてこの高齢化なる数値の大きさに
よって、その国が「高齢化社会」、「高齢社会」、「超高齢社会」[3]の、それぞ
れのどの段階にあるのかが示されることとなる。

第 6 章　高齢者就業の実態と社会保障政策の課題　139

(1) 日本における高齢化の過程

　日本における人口高齢化の過程を歴史的に見ていくと、人口学でいう「人口転換」[4]を経て、高齢化が進行してきたことがわかる。日本の高齢化は1920 年代に人口転換が始まったあと、次の 4 段階を経て今日に至っていると整理することができる。総じていえば、1970 年代前半までは出生率の低下と死亡率の低下が共に進行しつつも緩やかに高齢化は進行したが、それ以降は特に出生率の劇的ともいえる低下により、急速に高齢化が進んだといえる。

①日本における高齢社会化の起点【1935 年～】

　1935 年日本の 65 歳以上人口は総人口の 4.7％であり 322 万人に過ぎなかった。その後、中高卒者いわゆる「金の卵」約 600 人を乗せた夜行列車が初めて青森を発った翌年の 1955 年には、65 歳以上人口は 157 万人増加し 479 万人となった。一方、第 1 次ベビーブーム[5]により出生数は急増したが、後述するように低下傾向にあった出生率や、第 2 次世界大戦による死亡等の影響により、この時期の 0-14 歳人口は 457 万人増加したものの、総人口に占める 0-14 歳人口の比率は低下し 33.4％になった。1955 年時点で 65 歳以上人口は 0-14 歳人口の約 6 分の 1 であるが、高齢化率はこの時期以降急速に上昇する。その意味でこの段階から高齢社会化が始まったと見てよい。

②高齢化社会へのキャッチアップ【1955 年～】

　1955-1970 年までの 15 年間には 65 歳以上人口は更に 260 万人増え、総人口も 1,459 万人増加し 1 億人を超えた。しかしこれまで増加していた 0-14 歳人口が 497 万人減少し、総人口に占める比率は 33.4％から 24.0％に低下した。65 歳以上人口の増加と 0-14 歳人口の減少により、1970 年に高齢化率は 7.1％となり「高齢化社会」に突入した。

③高齢化時代の到来と高齢化の加速度的進行【1970 年～】

　1970-2000 年までに、65 歳以上人口は 1,462 万人増加し、0-14 歳人口は 668 万人減少した。この結果、高齢化率は 1970 年の 7.1％から 2000 年

の 17.3％に大きく上昇し、「高齢社会」となった。死亡率の低下により平均寿命も伸長したが、出生率の急激な低下によって高齢化は加速度的に進行する。

④超高齢社会化【2010 年～】

　2010 年時点で、65 歳以上人口は総人口の 23.0％、2,948 万人に達した。総人口 1 億 2,806 万人のうち約 4 分の 1 が高齢者という、まさに「超高齢社会」の段階に入り、生産年齢人口 3 人足らずで高齢者 1 人を支える、人類史上例がない局面に立ち至ろうとしている。

(2) 日本の人口高齢化の特徴

　上述のように日本では 1970 年に高齢化率は 7％を超え、「高齢化社会」の段階に入った。1994 年には 14％を超え、わずか 24 年で「高齢社会」段階へと到達する。これは極めて速いペースと言ってよい。実際に、高齢化率が 7％から 14％までに上昇する所要年数を国際比較すると、フランスは 115 年、スウェーデンは 85 年、アメリカは 73 年、イギリスは 47 年、ドイツは 40 年である。したがって、日本の人口の高齢化率の進展速度は先進国ではトップレベルにある。その原因は、出生率の急激な低下すなわち少子化である。

　また、こうした急速な高齢化に伴い、労働力人口[6]の高齢化も進んでいる。総務省の『労働力調査』によれば 2012 年の労働力人口は 6,555 万人であり、うち 65 歳以上は 609 万人で、その比率は 9.3％にも及んでいる。これを 1980 年の 4.3％と比較すると、5 ポイントの増加である。うち被雇用者について見ると、同『労働力調査』では、60 歳以上の被雇用者は全産業で 472 万人、65 歳以上は 340 万人となっている。これらは他の先進国と比較しても高い数字である。

　さらに日本では、高齢化進展のペースが速いだけでなく、高年齢の高齢者も大きく増加していることが特徴的である。その絶対数から見ると、1970 年の時点では 80 歳以上の高齢者人口は 95 万 7 千人であったが、1995 年には 388 万人まで上昇し、わずか 25 年間に 4 倍となった。年平均増加率

第 6 章　高齢者就業の実態と社会保障政策の課題　141

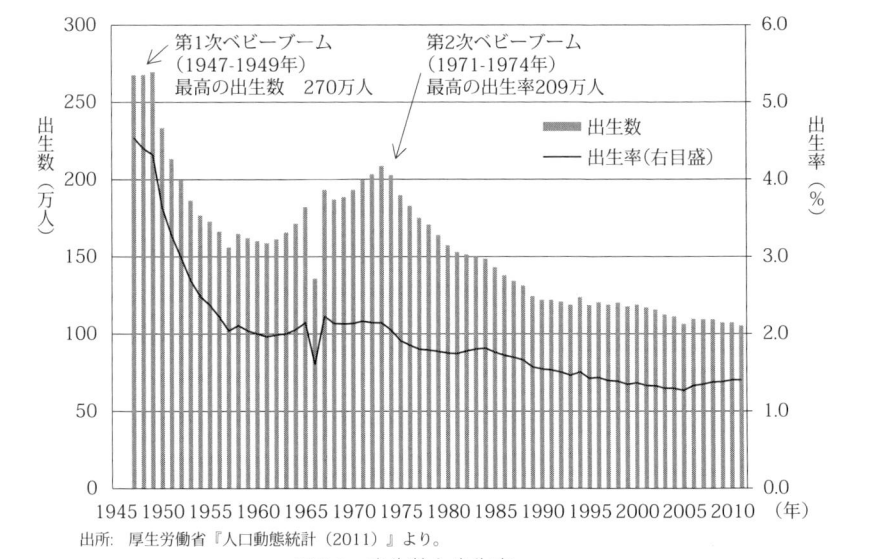

図6-1　出生数と出生率

に換算すると、5.76％である。同期間における人口の自然増加率 (0.77％) と高齢者人口の年平均増加率 (3.72％) と比較してもいかに高い数値であるかわかる。すなわち、日本の高齢者人口の高度高齢化は総人口自体の高齢化より進展が速いと言える。

　一般に、人口学の定義では、高齢者は 65 歳以上、その中で 75 歳以上を後期高齢者、85 歳以上からは超高齢者とされる。日本人の平均寿命は、厚生労働省の統計データによれば、2009 年の時点ですでに男性は 79.59 歳、女性は 86.44 歳とそれぞれ世界で 2 位と 1 位になり、特に女性の平均寿命は連続 25 年間、世界第 1 位となった。現在も、日本の高齢者人口のうち、75 歳以上、及び 85 歳以上の高年齢高齢者の比率は世界で最も高い水準にあり、今後も上昇していくことが予想されている。

　こうした超高齢化にともなって、解決を迫られる課題も多い。特に経済社会の発展に伴う都市化や産業構造の高度化により、被雇用者化が進んだ現代では、所得が途絶える退職後の経済保障の問題や、医療、介護といった社会

保障、生きがい対策や健康維持、社会的孤立の防止なども重要な課題となる。しかし、近年における超高齢化の主因でもあり、経済的にも社会に深刻な影響を及ぼしている少子化現象は、これらの課題とととともに高齢者の継続雇用・就業を政府や企業等が取り組むべき重要な課題に押し上げることとなったと思われる。

3. 出生率の低下・少子化とその社会への影響

(1) 少子化の進行

　出生率の低下すなわち少子化は、日本における高齢化を促進する要因であると同時に、将来における労働力人口の減少や社会保障制度の持続可能性を脅かす社会現象である。まず、日本における少子化がどのように進行し、現在、いかなる状況にあるかを概観する。

　第2次世界大戦直後、日本は継続的に数年間、驚異的な出生数を記録した。それは第1次ベビーブームであり、当該期間内の出生率は4.5以上の高い値を示した。しかし欧米諸国の多くではベビーブームが10-15年続いたのに対し、日本では短期間で終わり、出生率は再び低下し始める。特に1948年に「優生保護法」が制定され、一定の条件下で人工妊娠中絶が合法化されたことも、それに拍車をかけた。事実、人口妊娠中絶は1950年には49万件だったものが、1955年には117万件へと急増している。このことは、この法律が出生抑制に相当程度効果があったことを示している。なお、1955年以降は中絶に変わり家族計画による避妊が出生率抑制の主要手段になった。

　出生率は1950年代の前半から低下し始め、1966年に極端に低い1.58を記録したが、1974年までは出生率は2.0のレベルを維持していた。しかし1989年には1966年の1.58を下回る1.57であったことから、社会的関心を呼び、「1.57ショック」として社会の耳目を集めた。その後も出生率は低下を続け、2005年には1.26にまで減少した (図6-1)。

　日本経済が極度の不振に陥った「失われた10年」あるいは「20年」や

就職難のあおりを受け、結婚や出産適齢期である若年層が経済的に不安定な立場に置かれたことや、子育てに対する負担感が増大していることなどがその原因として挙げられている。2006年以降はやや回復の方向に転じているとされる。しかしその前年より上昇したとはいえ 2011 年の出生率は 1.39 であり、人口置換水準[7]である 2.07 には遠く及ばない状況にある。

第 1 次ベビーブーム以降 1955 年までは、戦後の混乱期ゆえに子供をつくることは、経済的にもきびしいという理由から、出生率が低下したと考えられる。しかし、経済水準が戦前程度にまで回復し、その後の高度経済成長によって生活水準は一層向上したにもかかわらず、出生率が戦前レベルに回復することはなかった。その理由として、岡崎他 (1993) は、①消費生活の規模と内容が拡大したことや、②教育費の増大が大きかったこと、③産業シフトの結果人口移動が起こり、子供の役割が農業社会的なものから変化したこと、また、④都市における住宅問題が生活空間を狭めたという理由を挙げている。

(2) 少子化対策とその効果

こうした少子化の進行は高齢化を促進するとともに、移民等を受け入れていない日本では、社会的には人口減少を引き起こす。今後、現在の少子化が継続すると想定すると、2050 年までに日本の人口は持続的に減少し、総人口も現在より 2,300 万人減少して、9,700 万人程度になると推計されている (表 6-1)。人口の自然増加率の低下と人口高齢化とが相乗効果的に経済成長を制約する厳しい問題を引き起こすと考えられる。日本がいわゆる「人口ボーナス」期にあった 1950 年から 1990 年までの経済平均成長率は 7% であった。中でも「経済成長の奇跡」と呼ばれた 1960 年代の平均成長率は 10% を超えた。しかし、1990 年代に高齢化が急速に進んで、経済の平均成長率も 1% 台に低下した。これはバブル崩壊によって生じた産業構造の調整に加え、「人口ボーナス」の終結も重なった結果であると言ってよい。

継続的に 65 歳以上人口が増大すると、消費が増加する反面、貯蓄の取崩・減少が生じることで、経済成長にただちに影響するわけではないが、経済の

活力は次第に失われることも危惧され、社会全体に大きなインパクトを与えることになると思われる。

　そのため、現在、政府は国民的課題として少子化対策に取り組んでいる。日本における少子化対策は、①育児等の経済的負担を軽減するための金銭的支援、②仕事と出産・育児の両立を可能とする育児休業等の取得促進や保育所等の拡充 (定員等の拡大)、③夫婦による育児の分担を進める労働時間短縮等のワーク・ライフ・バランスの推進等がその柱となっている。高齢者に重点配分されている社会保障関係費を少子化対策にもより多く振り向けようという議論もなされているが、その実現には多くの困難が立ちはだかっている。

　現在統計データで見る限り、出生率には目立った回復傾向は見られない。欧米諸国でも強力な家族政策が進められているが、一部の国を除くとその政策的効果は不透明と言わざるをえない。加えて、仮に今後出生率が徐々に回復し始めても、その社会への好影響、特に労働力人口の回復には早くて 15 年、それ以上の期間を要する。移民や外国人労働者の導入という選択肢を設けない以上、将来起こりうる労働力不足には女性だけでなく高齢者の雇用・就業機会を拡大し、高齢者の経験や能力を積極的に活用していくことが不可欠となる。

4.　高齢者雇用・就業の状況

(1) 日本の高齢者就業

　第 2 次世界大戦後、欧米諸国では、所得の上昇や公的年金、社会福祉政策の充実に伴って、高齢者の労働力率は低下してきた。日本でも高度経済成長による所得の上昇や公的年金の充実とともに、高齢者の労働力率は低下してきているが、その低下の程度は小さく、先進国の中では高齢者が就業し続ける比率は最も高い。実際、総務省の『労働力調査』では、2011 年の 55-59 歳の就業率は 75.3 % (男性 88.5 %、女性 62.1 %)、60-64 歳は

第6章　高齢者就業の実態と社会保障政策の課題　145

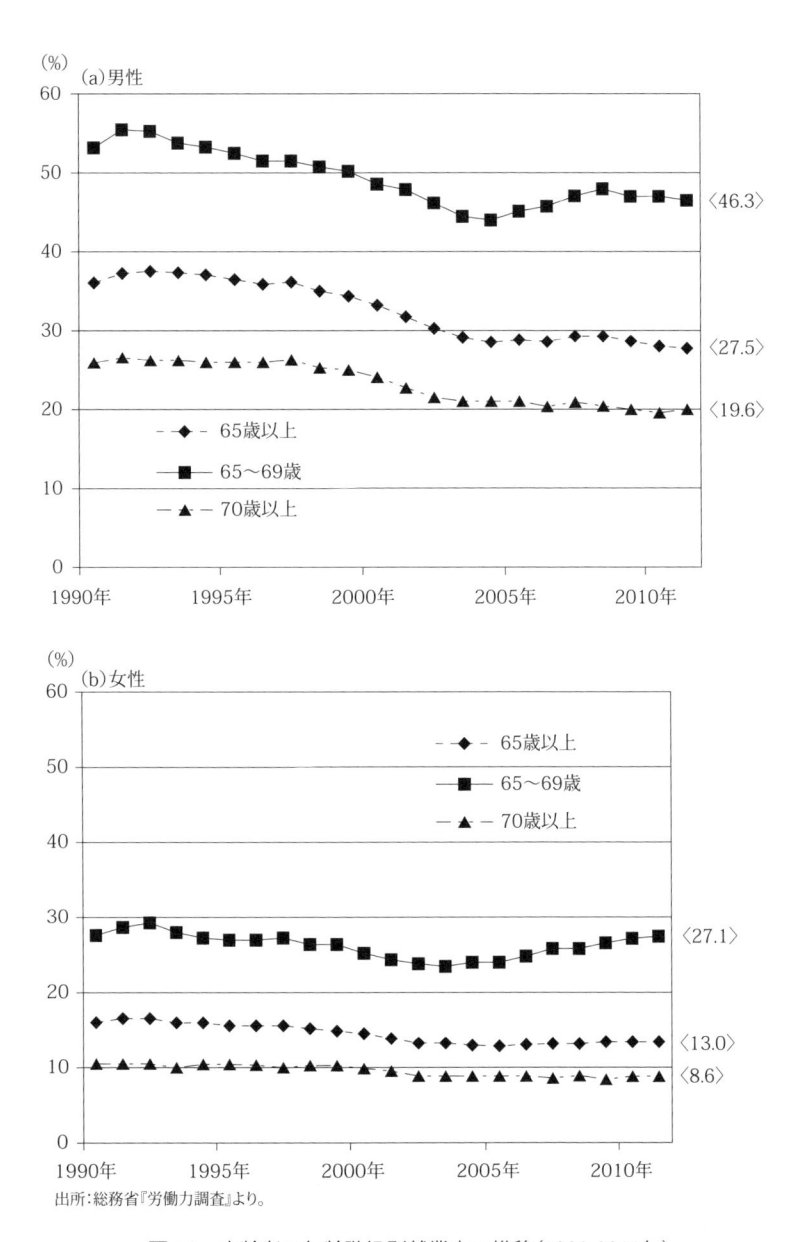

出所：総務省『労働力調査』より。

図6-2　高齢者の年齢階級別就業率の推移（1990-2011年）

146

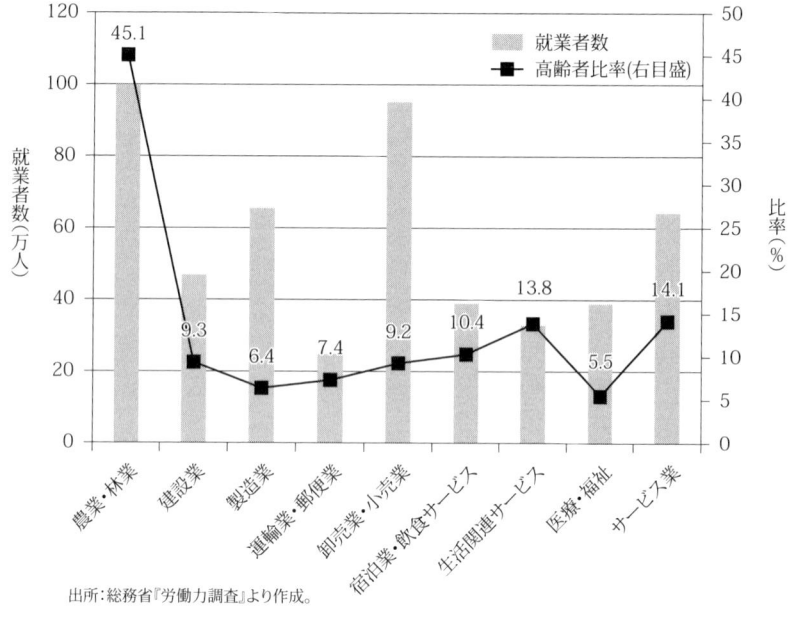

出所：総務省『労働力調査』より作成。

図6-3　産業別高齢者の就業者数及び各産業の高齢者比率（2012年）

57.5％（男性70.9％、女性44.2％）であるのに対して、65-69歳は36.7％（男性46.3％、女性27.1％）となっており、これは主要先進国の中では最高値である（図6-2）。

　また内閣府（2010）では男子高齢者に「望ましい退職年齢」を尋ねた結果、フランスでは「60歳ぐらい」、アメリカ、ドイツ、スウェーデンでは「65歳ぐらい」との回答が最も多いのに対して、日本では、「65歳ぐらい」が多いものの、「70歳ぐらい」との回答も多く、高齢になっても働きたいとの意欲が高い。内閣府（2008）でも、高齢者の退職希望年齢は、「70歳以降まで」及び「働けるうちはいつまでも」が約7割を占め、「65歳まで」という回答は3割にも満たない。

　さらに、高齢者の就業に対する意向を聞いた厚生労働省（2010a）でも、「団塊の世代」を含む60-64歳では、仕事をしている人のうち、56.7％が65歳以降も「仕事をしたい」と考えており、「仕事をしたくない」と回答した人

の比率 16.6％を大きく上回っている。60-64 歳全体で見ても、65 歳以降に「仕事をしたい」と考えている人は 44.0％で、これは上述した現在の 65-69 歳の就業率 36.7％を上回る数値である。

とはいえ、こうした高齢者の就業意欲の高さを、日本の勤勉を貴ぶ風潮や民族性に結びつける議論は必ずしも説得的ではない。これは後に明らかにされよう。

ところで、このように高い就業意欲をもつ高齢者であるが、上記の数値のとおり、健康であっても、65-69 歳の高齢者は男性で約 53％、女性では約 73％が非就業の状況にある。また、内閣府 (2008) でも、高齢者が社会参加している項目としては、「健康スポーツ」や「地域行事」、「趣味」が多く (それぞれ 31％、24％、20％)、「就業・生産」や「高齢者支援」、「子育て支援」は少ない (それぞれ 7％、6％、2％)。現実には、高齢者のもつ経験や能力、知識が十分活かされていないといえよう。

(2) 産業別に見た高齢者就業

次に、現実に就業を継続している高齢者を産業別に見ると (図 6-3)、「農業、林業」が最も多く 101 万人で、次に「卸売業、小売業」(96 万人)、「製造業」(66 万人)、「サービス業」(65 万人)、「建設業」(47 万人) と続く。高齢者が就業者全体に占める割合を産業別に見ても、「農業、林業」が最も高くなっている (45.1％)。漁業も同様である。

また、現実に就業している高齢者の週間就業時間を見ると (表 6-2)、農林業、非農林業ともに 15-34 時間という回答が最頻値となっている。これに 35-42 時間という回答を加えると、およそ 60％弱となる。

一般の被雇用者の労働時間が労働基準法で、1 週 40 時間 (所定内労働時間) と定められていることを想起すると、高齢者は比較的、長時間就労しているといえそうである。

さらに就業者のうち、被雇用者はどのような状況にあるのかを見ておきたい。上述のように、被雇用者については、2013 年 4 月より「高年齢者等の雇用の安定等に関する法律」(高年齢者雇用安定法) が一部改正され、定年

表6-2　農林業・非農林業　週間就業時間別就業者数（65歳以上）

単位：万人

	従業員総数	1-14時間	15-34時間	35-42時間	43-48時間	49-59時間	60時間以上
全産業	548 (100.0%)	88 (16.1%)	196 (35.8%)	118 (21.5%)	56 (10.2%)	46 (8.4%)	39 (7.1%)
農業・林業	104 (100.0%)	17 (16.3%)	40 (38.5%)	21 (20.2%)	7 (6.7%)	12 (11.5%)	7 (6.7%)
非農林業	444 (100.0%)	71 (16.0%)	156 (35.1%)	97 (21.8%)	49 (11.0%)	35 (7.9%)	33 (7.4%)

注1：データは2010年平均。
注2：総数には「週間就業時間不詳」を含んでいる。
出所：内閣府『平成24年版高齢社会白書』より引用。

に達した被雇用者で継続雇用を希望する者があれば、すべてをその制度の対象とする仕組みが導入された。周知のように、日本企業では、ある一定の年齢に達すると雇用関係が強制的に終結するという「定年制」が設けられている。厚生労働省（2012）によると日本企業の92.2％が「定年制」を設けている。1970年までは、その定年年齢は大企業でも55歳が通常であった。1986年の中高年法改正に始まる高齢被雇用者の雇用を確保するための法規制上の取組みは、60歳定年の努力義務化から義務化へ、さらには65歳への定年引上げや継続雇用制度の対象者を限定する仕組みの廃止へと展開している。この背景には、近年の社会保障改革に伴う公的年金の支給開始年齢の引上げがあり、2025年に向けて厚生年金の65歳への支給開始年齢の引上げを予定していることから、当該年齢までの高年齢者の雇用を確保しようという目的がある。

　労働政策研究・研修機構（2012）では継続雇用に伴い、(60歳以前と比較して)仕事の内容、責任の重さ、労働時間の実態がどう変わったかを聞いているが、それによると、最も多いのは「全く(ほとんど)変わっていない」とする回答であった(58.4％)。しかし一方で、定年到達時と比べた賃金水準は、男女ともに「下がった」とする者が多く、男性の場合、60歳から64歳の合計で88.7％が、女性の場合、同合計で64.5％の者がそのように回答している。つまり仕事の実態は変わらないが、賃金だけは下がったということである。被雇用者の場合は、在職老齢年金の問題も併せて考慮しなければならないが、その減少幅は、男性の場合、定年到達時との比較で「30-50％

未満」(35.7%)、「50%以上」(30.2%) と続き、下げ幅はかなり大きい。女性の場合は、「20-30%」(21.6%) が最も多く、次いで「10%未満」(18.9%)、「10-15%」(15.3%)、「30-50%未満」(14.4%) と男性に比べ、下げ幅は小さいが、ばらつきが大きい。被雇用者の継続雇用や定年年齢の引上げ、ないしは定年制廃止に向けた日本企業の改革は、高齢者にも就業機会を提供する重要な取組みであるが、若年者の雇用への影響や、人件費高騰の懸念もあり、さまざまに意見や見方が分かれているのが現状である。しかし、高齢者の継続雇用・就業の促進は、国際的な潮流になりつつあると言ってよい。

　岩田 (2011) は、近年ほぼすべての EU 加盟国で、高齢者就業を促進する目的で、早期引退の道を狭め就業年齢の延長を促進するような、高齢者のインセンティブを高める改革が実施されたことを紹介している。そしてその背景に、先進諸国で大きな潮流となっているエイジフリー化に向けた動きと、それを担保する雇用における年齢差別禁止の取組みがあることを指摘している。高齢化に伴う生産年齢人口の減少や公的年金支給開始年齢の引上げへの対応、また高齢者の健康の維持や社会的な有益性への着目も高齢者就業を促す要因となっているという。日本でも、超高齢社会への到達による生産年齢人口の減少や、公的年金を始めとする社会保障改革への対応、さらには高齢者自身の希望や高齢者のもつさまざまな経験や知識を社会資源として活用する目的から、高齢者の継続雇用・就業は大きな国民的な課題となりつつある。

(3) 高齢者就業の場としての自営業

　しかしこうした取組み以前から、高齢者が多く就業・就労している産業分野が存在する。前出図 6-3 に示されるように、現在の日本において高齢者就業で特徴的な点は、その職業構成における自営業 (農林業、卸売・小売業等) の比重の大きさである。図には漁業はないが、漁業の従事者・就業者も、他の論稿が明らかにしているように、高齢化が進展している。一般に、定年制が存在する企業などの被雇用者とは違って、自営業の場合は、意欲や気力、体力を自身で見極めながら、引退時期を自身で選択できると考えられている。したがって、比較的高齢になっても引退せずに就業を継続するケースが多い。

そのため、一方で新規参入がなされない場合には必然的に高齢化せざるを得ない。現在、高齢者に就業機会を提供している自営業は、そのような状況に置かれているといえるだろう。しかし、自営業における高齢者が悠々自適に就業を継続していると考えるべきではない。以下に検討するように、自営業就業の高齢者は、概して低所得であり、社会保障も十分でないために、経済的理由で就業を継続している者も多いと思われる。

5. 高齢者の継続雇用・就業と経済状況

まず、標準的な高齢者世帯[8]の収入状況から見てみる (表 6-3)。厚生労働省 (2010b) によれば、2010 年時点で、65 歳以上の高齢者がいる世帯は世帯総数の 42.6% に相当する 2,071 万世帯である。一口に、高齢者がいる世帯といっても家族構成は複雑である。夫婦世帯と単身世帯をはじめとして、65 歳以上の者が世帯主となっているケースも多い。逆に、自分の子供などが世帯主となっている世帯に高齢者が含まれているケースもあるが、それは 20% 程度にとどまっている。また、世帯主が 65 歳以上の世帯には 2,977 万人の高齢者がいるが、配偶者がいない単独世帯も 502 万人おり、現在の単身高齢者に限れば、以前は夫婦世帯だったが、夫婦のどちらか一方が死亡

表6-3　高齢者世帯の所得

単位:万円

区分	平均所得金額			世帯人員1人当たり (平均世帯人員)
	1世帯当たり			
高齢者世帯	総所得	307.9		197.9 (1.56人)
	稼働所得	53.2	(17.3%)	
	公的年金・恩給	216.2	(70.2%)	
	財産所得	18.2	(5.9%)	
	年金以外の社会保障給付金	2.5	(0.8%)	
	仕送り・その他の所得	17.7	(5.7%)	
全世帯	総所得	549.6		207.3 (2.65人)

注:財産所得とは以下のものをいう。(1)家賃・地代の所得(2)利子・配当金
出所:内閣府『平成24年版高齢社会白書』より引用。

第6章　高齢者就業の実態と社会保障政策の課題　151

したことにより単身化したケースがかなりの割合を占めていると推察される。男女間の平均寿命の差から、今後も女性を中心に高齢者の単独世帯の比率が高まっていくことが予想される。

　一般に、家計の収入は稼働・就労所得、事業・内職収入のほか、公的年金給付金等があるが、当然のこととはいえ、高齢者世帯では「公的年金・恩給」が総所得の 70.2％を占めている (表 6-3)。同調査ではさらに高齢者世帯の約 7 割において、「公的年金・恩給」の総所得に占める割合が 80％以上となっていることを明らかにしている。高齢者世帯の平均年間所得は 307.9 万円で、全世帯平均 (549.6 万円) の 56％である。世帯人員 1 人当たりでは、高齢者世帯の平均世帯人員が 1.56 人と全世帯平均より少ないこともあり、高齢者世帯が 197.9 万円、全世帯平均が 207.3 万円とそれほどの差はない。次に2007 年の総務省『家計調査』に基づき、高齢者夫婦無職世帯の収入・所得と消費・貯蓄関係のうち、収入と支出全体の 1 ヵ月当たりの平均値をみると、それによれば、高齢者夫婦無職世帯の実収入は 22.3 万円、可処分所得は 19.1 万円、消費は 23.7 万円である。可処分所得と消費の差である貯蓄はマイナス 4.6 万円であり、この不足額は高齢者にとって厳しい問題でもある。

　しかし、これまでの検討から、高齢者個人や高齢者世帯は恵まれているようにも見える。たしかに、高齢者の暮らし向きを尋ねた内閣府 (2011) でも、65 歳以上の高齢者の暮らし向きは、「心配ない」(「まったく心配ない」と「それほど心配ない」を合わせた計) と回答した人の割合は全体の 70.0％に上り、このことは、公的年金の充実とともに医療や介護面でも社会保障の施策がそれなりに整備されてきたことへの安心感の表明とも受け取れなくはない。だが同時に、「多少心配」「非常に心配」と回答した者も合わせて 28.3％に上ることを見逃してはならない。これは決してネグリジブルな数字ではない。

　また、上述の高齢者世帯の所得の中できわめて高い比重を占める「公的年金・恩給」についても、その中心は被雇用者対象の厚生年金であることに留意する必要がある。2004 年の公的年金制度の見直しと改革の際、片方のみが働く夫婦が老後に受け取る「モデル年金額」は 23.3 万円とされたが、厚

生労働省の『平成 23 年度　厚生年金保険・国民年金事業の概況』によれば、厚生年金受給者の平均年金月額は 152,396 円であった。それでも国民年金 (老齢基礎年金) 受給者の平均年金月額 54,682 円 (夫婦の場合はその 2 倍) と比べると、厚生年金が相対的に高額であることは歴然としている。

　さらに高齢者の場合には、いわゆる世代内の経済格差が大きいことも指摘しておきたい。図 6-4 によれば、高齢者世帯の年間所得は、高い者もいるが、概して 500 万円未満であり、「100-200 万円」が最も多く (27.1％)、次に「200-300 万円」(18.5％)、「300-400 万円」」(16.9％) と続く。「100 万円未満」も決して少なくない (15.7％)。

　前出表 6-3 で、高齢者世帯の所得の中で、高齢社会化を反映して、稼働所得が 2 割弱を占めるに至っていることを指摘したが、稼働・就労所得はこうした低所得・低年金状況を埋め合わせる役割をしているともいえる。

　自営業 (農林漁業及び個人商店主等) における高齢化は、上記のような経済的事情・理由の結果であるとともに、自営業の存在自体、今日では重要な国民的政策課題でもある高齢者就業の促進、すなわち高齢者に対して貴重な

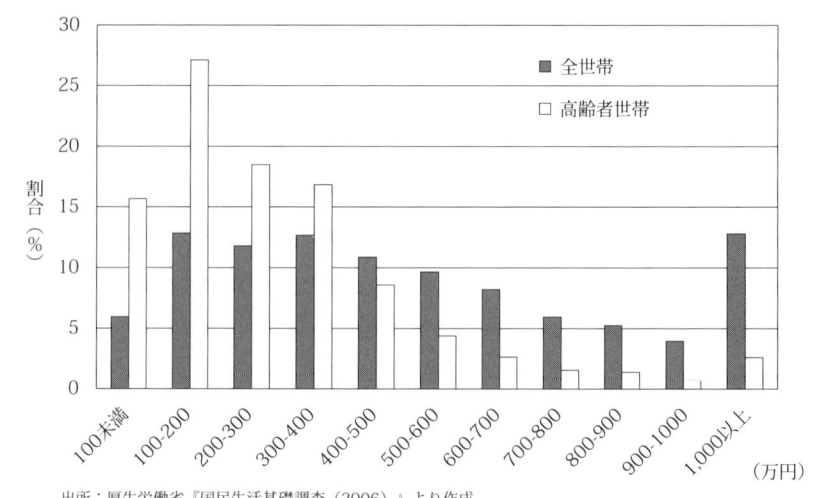

出所：厚生労働省『国民生活基礎調査（2006）』より作成

図6-4　高齢者世帯の年間所得分布（2005年）

就業機会を提供する役割を果たしている。これによって高齢者が生活保護等に頼らず生活していく糧を得ることが可能となっており、また健康維持や生きがい対策にも資するものとなっていると思われるからである。その意味で、第1章で議論しているように、高齢者就業は超高齢社会における社会的費用の節約にもつながっている。特に漁業に従事・就業する高齢者の存在は、まさに日本における食用魚介類自給率58％(2014年)[9]を支える基幹労働力であり、その早期引退を促すことはむしろ国民経済上、有益なことではないと考える。

6. おわりに

雇用・就業機会の保障こそ、最大の社会保障であると、筆者はかねてより考えてきた。事実、今日では少子・超高齢社会の到来に伴って、高齢者の継続雇用・就業は、国民経済的にも、そしてまた社会保障制度を将来にわたっても持続させていくためにも、国際的にも国内的にも最重要な課題となりつつある。

これまで検討したように漁業は農林業と同様、高齢者の就業が可能な産業の1つであり、その意味でも今後も維持していかなければならない。そのためにも、高齢漁業者が安心して漁業に従事できるように、公的年金の整備とともに、肉体を駆使し、とりわけ健康であることが就業の条件である漁業就業者が利用しやすい保健・医療・介護の仕組みを拡充することが課題である。

参考文献

岩田克彦「補論　日本の高齢者雇用就業政策の課題－70歳程度までを視野に入れた高齢者の質の高く、かつ多様な雇用・就業関係の実現－」『高齢者の就業実態に関する研究』労働政策研究・研修機構、2011年、p141-143。

岡崎陽一・山口喜一『高齢化社会の基礎知識』中央法規出版、1993年。

厚生労働省『中高年縦断調査』、2010年 a。

厚生労働省『国民生活基礎調査』、2010年 b。

厚生労働省『就労条件総合調査結果』、2012年。

内閣府『高齢者の地域社会への参加に関する意識調査』、2008年。

内閣府『高齢者の生活と意識に関する国際比較調査』、2010年。

内閣府『高齢者の経済生活に関する意識調査』、2011年。

労働政策研究・研修機構『高年齢者の継続雇用等、就業実態に関する調査』、2012年。

[1] 高齢化率とは総人口に占める65歳以上の人口の割合を表す。

[2] 合計特殊出生率は「15～49歳までの女性の年齢別出生率を合計したもの」で、1人の女性が一生の間に生む子どもの数に相当する。

[3] 高齢化率が7％を超えると高齢化社会、14％を超えると高齢社会、20％を超えると超高齢社会と呼ぶ。

[4] 人口転換とは多産多死型から多産少死型、少産少死型への人口動態変化のことである。

[5] 第2次世界大戦後の復興期にあたる1947-1949年の3年間に、年間出生数は250万人を超え、その合計も約806万人に達した。

[6] 労働力人口とは15歳以上で就業者と完全失業者(高齢者も含む)の合計である。

[7] 人口置換水準とは、人口が将来にわたって増えも減りもしない出生率を示す。国立社会保障・人口問題研究所で算出している。

[8] 高齢者世帯とは、65歳以上の者のみで構成するか、又はこれに18歳未満の未婚の者が加わった世帯をいう。

[9] データは水産庁『水産白書』による。

第7章　ケーススタディ　高齢者漁業の１０年
　　　　－沿岸漁村における漁業者高齢化の実態とその諸相－

工藤　貴史

1.　はじめに

　漁業者の高齢化は、若年層の新規参入が少なくなることで生じる現象である。日本漁業の場合、漁家＝個人経営体を主たる担い手としていることから、漁家の後継者が漁業外へ流出することによって漁業者の高齢化がもたらされることになる。こうした漁家の後継者の流出は、戦後復興期から今日まで日本全国の漁村地域において一様に見られる現象ではあるが、主に営む漁業種類によって漁業者の高齢化の程度に違いが見られることは言うまでもない。漁業経営において家族労働力を要し、かつ後継者が参入するに十分な漁業所得が得られる漁業種類を営んでいる漁家であれば後継者が漁業に参入するケースが多く、一方、単身操業が可能で漁業所得も低い場合、後継者は漁業へは参入せず他産業に流出するケースが多いと考えられるからである。

　第4章では、農林水産省『漁業センサス』を用いて主に営む漁業種類ごとに漁業者高齢化の実態について把握した。そこでは、１本釣り漁業、刺網漁業、採貝・採藻漁業といった漁業所得が低く単身操業可能な漁業種類を主に営んでいる漁家は、後継者のいない高齢単世代漁家の占める割合が高く、船びき網漁業、のり養殖、ほたてがい養殖といった漁業所得が高く家族労働力を要する漁業種類を主に営んでいる漁家は、高齢単世代漁家の占める割合が低いことを明らかにしている。さらに、前者、すなわち高齢者を基幹的労働力とする「高齢者漁業」について、その主たる担い手である昭和一桁生まれ世代が引退した後の担い手の確保が困難であることを指摘している。

　本章では、これらの「高齢者漁業」を対象に、各地の事例から漁業者高齢化の実態とその問題の諸相について明らかにし、10年後の漁村を見据えて地域社会・経済の維持と水産物の安定供給の実現に向けた課題について考察することとしたい。以下、採貝・採藻漁業(以降「磯根漁業」とする)は

新潟県佐渡市高千 (たかち) 地区を事例に漁業者高齢化と漁場利用制度改訂問題について[1]、1 本釣り漁業は和歌山県印南 (いなみ) 町地区を事例に漁業者高齢化と資源利用低下問題について[2]、刺網漁業・採藻漁業は北海道礼文町香深 (かふか) 地区を事例に漁業者高齢化と労働力確保問題について[3]取り上げることとする。なお、3 地区の事例とも、おおよそ 10 年間にわたる漁業者の高齢化の進展とそれによる漁業生産の変化について把握しており、そこから 10 年後の漁村の姿を浮きぼりにしていきたい (図 7-1)。

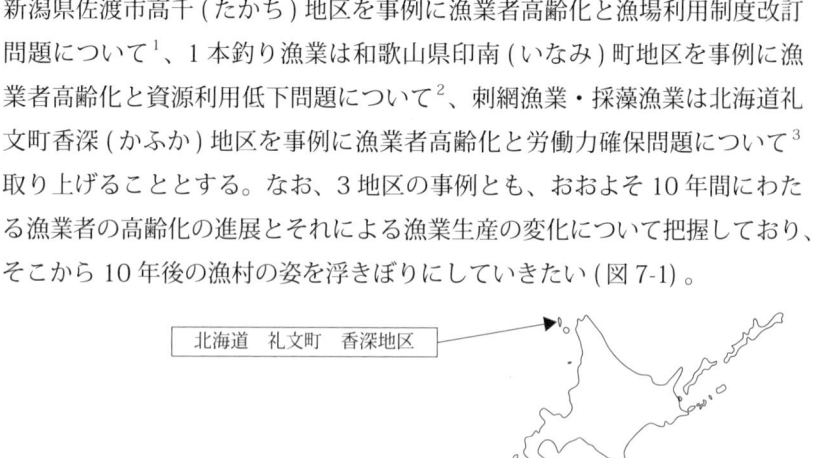

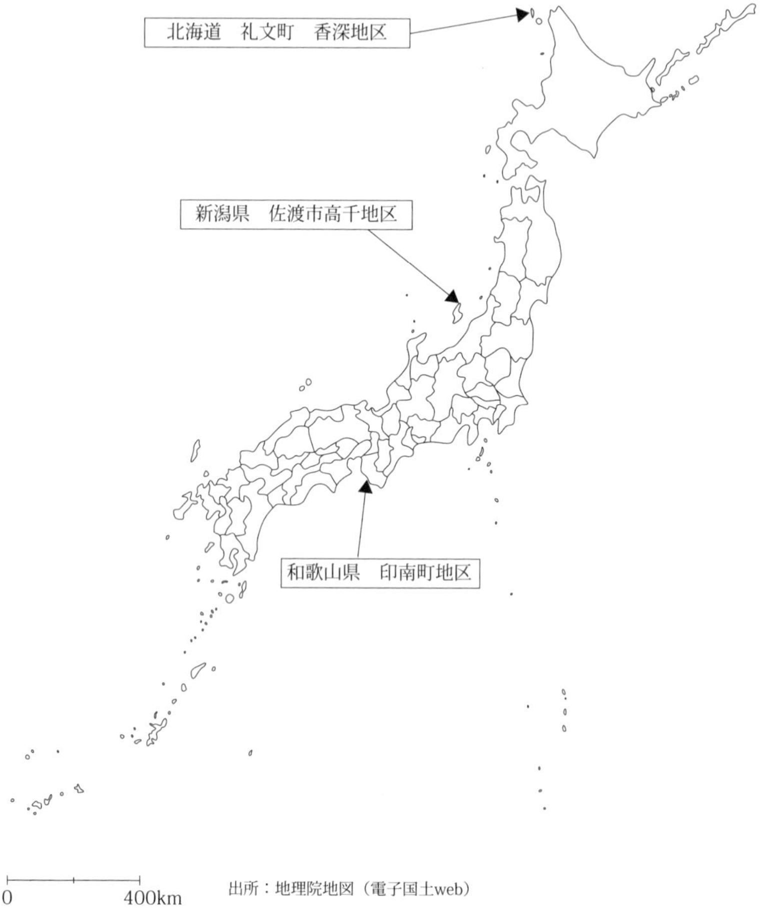

出所：地理院地図（電子国土web）

図7-1　3地区の概略図

第7章　ケーススタディ　157

2.　磯根漁業：佐渡・高千地区の10年
　　－漁業者高齢化と漁場利用制度－

(1)　当地区の概要

　新潟県佐渡市高千地区は、佐渡島の北西部に位置しており、主たる産業は農業を中心とする第1次産業である。地区内には12の漁業集落があり、かつては高千漁協が存在していたが、2011年に佐渡漁協と合併し、現在は同漁協高千支所となっている。当地区の主たる漁業種類は、サザエ、アワビ、ナマコ、モズク等の磯根資源を対象とする共同漁業権内の磯根漁業であり、そのほかにカレイ類を主対象とする小型底びき網（知事許可漁業）があるが現在3経営体程度となっている。この2つの漁業は漁場・対象資源・漁業者が重複しておらず、漁業者の移動も少ない。これは、磯根漁業は他産業との多種複合的な兼業によって営まれているが、小型底びき網漁業は漁業専業で営まれており、こうした経営形態の違いによるものである。ここでは磯根漁業について取り上げる。

　当地区は1970年代半ばまでワカメやモズクなどの採藻漁業が中心であったが、1970年代後半から高千漁協がサザエの流通改善に取り組み、千葉県千倉漁協（現東安房漁協）への販売ルートが確立すると、そこでの畜養事業による出荷調整によってサザエの高価格化が実現したことから[4]、採貝漁業が基幹的な漁業となっている。

　当地区の漁業生産金額は、1980年代には2億円前後であったが、1980年代後半からサザエの価格が上昇したことにより1990年には4.4億円にまで増加する。しかし、その後は価格低迷と漁業者数の減少・高齢化により漁業生産金額は減少傾向となり、2000年代半ばには1億円前後となり、2010年代からは8,000万円前後にまで減少している。この間の経営体数と男子漁業就業者数の動向を表7-1に示した。経営体数と男子漁業就業者数はサザエ価格の上昇により1978年から1988年にかけて増加するものの、その後はともに減少傾向となっており、2008年には男子年齢別漁業就業者数

158　高齢者漁業の10年 – 沿岸漁村における漁業者高齢化の実態とその諸相 –

において75歳以上が最大階層になっており著しく高齢化した状況にある。

表7-1　新潟県高千地区の個人経営体数と男子漁業就業者数

		1978年	1988年	1998年	2008年
個人経営体数	合計	182	192	161	109
	専業	0	5	2	5
	兼業(漁業主)	23	24	27	25
	兼業(漁業従)	154	162	132	79
1経営体平均漁獲金額(万円)		165	105	105	100
男子年齢別漁業就業者数(人)	15-19歳	1	0	0	0
	20-29歳	10	5	0	1
	30-39歳	29	18	5	1
	40-49歳	76	44	18	6
	50-59歳	45	72	35	22
	60-64歳	20	29	37	10
	65-69歳	22	58	35	15
	70-74歳			20	22
	75歳以上			18	36
	合計	203	226	168	113

注：2008年の「1経営体平均漁獲金額」は漁業センサスには掲載されていないので販売金額階層の階級値を販売金額別
　　経営体数に乗じて算出した。
出所：農林水産省『漁業センサス(関係各年)』より作成。

(2) 操業類型と兼業構造 　－地域漁業の零細性と他律性－

　表7-1をみると分かるように、当地区は1経営体あたりの平均漁獲金額が約100万円(2008年)と低く、また漁業を従とする兼業経営体の占める割合が高いことが特徴的である。当地区では、漁業は収入補完的な位置付けにあり、そのため当地区における漁業の盛衰は、地域社会・経済の盛衰と直接的に連動しているといってよい。こうした漁業の零細性と他律性について、当地区の漁業種類の組み合わせと兼業構造から確認しておこう。

　磯根漁業には「採貝」「採藻」「第1種刺網」「第2種刺網」「15m以浅刺網」「トビウオ刺網」があり、漁業権行使規則（以降「行使規則」とする）および同規約（以降「規約」とする）によって操業区域、操業期間、操業時間が決め

られており、このルールが当地区の漁業生産と個別経営の兼業構造を規定しているといってよい。

　採貝漁業は、「貝類サオ取漁業」あるいは「見突き」とも呼ばれ、主に 1t 以下の船外機船で操業しており、船上から箱メガネで海中のサザエを探索してヤスで漁獲する。行使規則によって操業区域は本人が所在する集落の地先漁場となっており、操業期間はアワビが 11 月から翌年の 9 月、それ以外は 1 月から 12 月までとなっている。操業時間は、規則上の制限はないが日の出から夕方までとなっている。

　採藻漁業は、主にモズクとワカメを漁獲し、モズクは 7 月から 8 月、ワカメは 5 月が盛漁期となっており、漁船を使用せずに陸から直接漁場に入って操業するものが多い。行使規則により操業期間が 1 月から 12 月まで、操業区域は本人が所在する集落の地先となっている。

　第 1 種刺網漁業は、主にサザエを漁獲し 7 月から 9 月が盛漁期である。規約により操業期間は 1 月から 9 月まで、操業時間は午後 4 時から翌日午前 8 時まで、操業区域は本人が所在する集落の地先の 15m 以深となっている。網数も規約によって制限されており、1 経営体当り 30 反（操業単位は 10 反以内を 3 ヶ統まで）となっている。

　第 2 種刺網漁業は、主にメバル、ハチメ、ヤリイカを漁獲し、1t 以下の船外機船や 2ｔ前後（30 馬力程度）の漁船で操業している。操業期間はかつては規約によって 1 月から 10 月までであったが 1998 年からは規約改正によって周年操業が可能になっている。操業区域は高千一円であるが、地先漁場および 1 月から 4 月の地先外漁場では 15m 以深、5-12 月の地先外は 23ｍ以深となっている。規約により、出港時間は午後 4 時、揚網終了時間は第 1 種刺網が翌午前 8 時、第 2 種刺網が翌午後 3 時となっている。

　漁業者はこれらの中から操業する漁業種類を年度毎に操業申請し、これに 1 本釣り漁業を組み合わせて操業している。1996 年における当地区の漁業者の漁業種類の組み合わせを操業申請と水揚げ実態（および聞き取り調査）から分析すると表 7-2 に示す通り 4 つのグループに類型化することができる。「採貝」グループは、最も漁業者数が多く、漁業者数 102 名のうち採貝のみ

160　高齢者漁業の10年 - 沿岸漁村における漁業者高齢化の実態とその諸相 -

表7-2　高千地区における操業類型別の操業実態（1996年）

主たる 漁業種類	漁業者数 （人）	平均年齢 （歳）	平均 入荷日数 （日）	水揚金額 合計 （万円）	平均 水揚金額 （万円）
採貝	102	64	21	4,116	40
刺網	44	57	61	6,565	149
採藻	52	65	5	630	12
釣り	19	59	26	863	45
合計	217	245	113	12,175	56

注：主な漁業種類は最も水揚金額の多い漁業種類である。
出所：高千漁協（当時）の漁業資料および聞き取り調査により作成。

操業しているものが56名、採藻と組み合わせているものが21名、1本釣りと組み合わせているものが25名である。このグループのほぼ全ての漁業者が農業と兼業しており、農業収入が漁業収入よりも多いものが大半である。1996年当時は耕地面積1ha以下のものが多く、漁業と農業を組み合わせて生計を維持しているといえよう。この中にはシイタケ栽培をしているものも20人ほどいるが、これも専業化しうるほどの生産規模にはなく、兼業種目の1つとして位置づいている。なお、このグループで刺網を操業しているものは皆無である。刺網は漁船規模が採貝よりも大きく、漁網や設備にもそれなりの投資が必要であり、それよりは農業への設備投資が優先されることから漁業への投資が少なくてすむ採貝漁業が選択されるのである。平均年齢からも分かるように当時においても60歳以上の高齢者が多い。

　「刺網」グループは、漁業者数が「採貝」グループの半数以下であるが、水揚金額は当地区の磯根漁業の5割以上を占めている。このグループは第1種刺網、第2種刺網、採貝、採藻の操業申請をしているものが多いが、サザエの水揚げの70%以上は第1種刺網によって水揚げしているといわれている。このグループは農業＋自営業、農業＋賃労働と組み合わせているものが多い。自営業としては商店、民宿、大工、左官、自動車整備、ガソリンスタンドなどがあり、賃労働としては大工、左官、ドライバー、土木作業、山林管理などがある。これらの自営業、賃労働は平日の日中の勤務となるため、夕方に網をかけて朝に揚網する刺網の操業が中心となる。年齢階層としては

60 歳未満の割合が 56% と「採貝」グループよりも年齢が若い漁業者が多い。

「採藻」グループは、52 名のうち 31 名は北田野浦という集落に集中している。これは北田野浦の地先がモズクの好漁場であることによるものである。なお、このグループには女性が 20 名いるが夫も漁業をしているというものは少ない。このグループも農業と兼業しているものが多く、高齢者が多い。

「釣り」グループは人数が最も少なくサザエの水揚げが少ない集落に多い。このグループは農業 + 賃労働と兼業しているものが多く、そのため 60 歳未満の占める割合は「採貝」「採藻」グループよりも高い。

以上のように、当地区の漁業者は操業内容によって 4 つの操業グループに類型化することができるが、表 7-2 の平均水揚金額からもわかるように、いずれのグループにおいても漁業収入は低く、多種複合的な兼業により生計をたててきた。

そして、このような兼業形態にしても年間収入は多くはなく、殆どの後継者は島外に進学・就職することとなり、高齢漁業者が順次引退していくなかで当地区の漁業者数・漁業生産金額は減少の一途を辿っている。また、今日では 65 歳以上の漁業者が多いが、生活に必要となる家計費は加齢とともに下がり、年金も給付されていることから、漁業の操業日数は少なくなる方向にある。それに加えて、当地区の主たる兼業種目である農業（水稲栽培）は、2000 年から中山間地域等直接支払制度が導入されて耕作放棄地対策がなされるなかで、農家当りの水田面積が大きくなる傾向にあることから、漁業への兼業動機も希薄化しつつある。さらに、磯根漁業は、地区内に居住するものであれば参入障壁は低いが、当地区の人口は一貫して減少傾向にあり、またそれは兼業種目となる地場産業の衰退を意味することから、新たな漁業の担い手が確保されにくい状況となっている。

(3) 漁場利用制度の改正とその困難性

以上のように、当地区の磯根漁業は生産規模が零細であるため他産業との兼業という就業形態によって成立してきたが、高齢化と人口減少にともなって地域社会・経済が衰退するなかで、漁業者数と漁業生産も縮小してきた。

こうした負の連鎖から脱するために、漁業はどのような貢献が可能であろうか。この問題解決の1つの方向として、漁業の零細性を改善して地域社会・経済の持続性に貢献することができる生業として再生していくということが挙げられる。具体的には、漁業の専業経営もしくは漁業を主とする兼業経営を成立させることになるが、そのためには磯根漁業の生産力を高めるべく漁場利用制度（行使規則・規約）を改正する必要がある。また、こうした地域内部の問題解決のみならず、当地区全体の漁業生産を維持し、ひいては水産物の安定供給を実現するためには、漁業者数の減少に応じて漁場利用制度を改正して残存漁業者の漁業生産力を増強していく必要がある。

こうした漁場利用制度改正の必要性とその具体的内容について、表7-3に示した当地区における1996年とその10年後（2006年）の採貝漁業と第1種刺網漁業による漁場利用の実態から検証したい。その前に、前述した磯根漁業の2つの漁場利用制度について今一度確認しておこう。1つは行使規則により採貝漁業、第1種刺網漁業ともに操業区域は本人が所在する集落の地先となっていること、もう1つは第1種刺網漁業の操業区域が15m以深となっていることである。なお、採貝漁業は水深にかかわる操業区域制限はないが、ヤスの長さと箱メガネで探索可能な水深には限界があることから実際には採貝漁業は15m以深で操業されることはなく、2つの漁業で操業区域は棲み分けがなされている。例えば1996年のA集落であれば、地先の15m以浅は10名が採貝漁業で利用しており、15m以深は4名が第1種刺網漁業で利用していることとなる。まず、1996年における漁場利用についてみると、2つの漁業種類とも集落によって漁業者数に多寡があることが

表7-3　高千地区におけるサザエの漁業種類別漁業者数・平均年齢・水揚金額

年	漁業種類	集落別(＝漁場別)漁業者数(人)													平均年齢(歳)	漁業者1人あたり水揚金額(万円)
		A	B	C	D	E	F	G	H	I	J	K	L	合計		
1996年	採貝	10	12	6	3	1	1	7	11	13	15	1	11	102	64	25
	第1種刺網	4	0	7	8	4	4	0	1	4	5	4	4	45	57	73
2006年	採貝	9	11	3	5	0	5	0	5	7	13	12	5	85	71	33
	第1種刺網	1	3	4	4	6	1	1	1	1	5	0	4	31	64	68

出所：漁業者数と水揚金額は高千漁協（当時）の水揚伝票、年齢は聞き取り調査により作成。

分かる。これは集落によって人口、地先漁場面積、資源豊度に違いがあることによるものである。当時、すでに漁業者数は減少傾向にあり、採貝漁業のE・F・Kの漁場では漁業者が1人となっており、第1種刺網ではGの漁場は誰も利用していないことが分かる。

　1990年後半には、漁業者数が減少して空き漁場が出現するなかで、「刺網」グループの漁業者は個々の生産金額を増大させるために、第1種刺網は第2種刺網と同様に高千地区一円で操業ができるように規約を改正したほうがよいと考えていた。同じく、漁協職員も地域全体のサザエの漁業生産を維持するためにはこうした漁場利用制度の改正が必要であると考えていた。しかし、当時は「採貝」グループの漁業者の数が多く、漁協総会においてそのような案を挙げても否決される可能性が高いため具体的な話は進まなかった。「採貝」グループの漁業者は、15m以深の漁場は利用していないものの、そこでの漁獲圧力が高くなることによって自らが利用している15m以浅の漁場へ悪影響を及ぼす可能性があるからである。また、「採貝」グループは地先漁場の面積が大きく資源豊度が高い集落ほど漁業者数が多く、地先集落限定と水深による棲み分けといった現行のルールによって自らの利益が保証されているのであり、積極的に漁場利用制度の改正に関する議論は生まれてこないという状況もある。

　とはいえ、1996年当時、「採貝」グループのほうが高齢漁業者が多いので、あと10年もすれば相当数が引退するであろうから、漁場利用制度改正の議論が始まるのではないかという展望があった。しかし、筆者が10年後にA地区を訪ねてみると、制度改正の話は立ち消えていた。表7-3で2006年の漁場利用の実態を見ると、たしかに「採貝」グループの漁業者数は減少しているが、「刺網」グループの漁業者数も減少し高齢化も進んでいる。また、漁業者1人あたりの平均水揚金額は「採貝」グループは増加している一方で、「刺網」グループは減少している。さらに、第1種刺網の漁場利用をみると、漁業者数が減少している漁場が多いだけでなく、1名で利用している漁場が5つとなっている。つまり、10年前は制度改正を望んでいた「刺網」グループの漁業者も高齢になり生活に必要となる所得が少なくなり、さらに漁業者

数の減少により漁場利用の過密状態が解消されたことから漁場利用制度の改正への意欲・動機は希薄化してきたのである。

　一方、2006年時点でも漁協職員のなかには地域全体の漁業生産を維持するために漁場利用制度の改正を望む声が強かった。この年、佐渡島内の19漁協が合併して佐渡漁協が設立することになるが、高千漁協は合併せずに単協として存続することを決めており、今後も単協として生き残っていくためには販売事業の維持・強化が最大の課題だったのである。漁業者数が「採貝」グループ・「刺網」グループとも減少する状況において、磯根漁業の水揚金額を維持するためには、採貝漁業については集落の境界をなくすことくらいしかなく、漁業生産の増大には限界があるといわざるをえない。となると、やはり第1種刺網漁業の漁場利用制度を改正する以外に漁業生産を維持・増大する方策はない。「刺網」グループの漁業者数が1996年の45人から31人に減少しているのであるから集落の境界をなくすだけでなく、漁業者の網数制限を現在の30反から40反程度にまで緩和するよう制度改正しなければ地域全体の漁業生産力は維持されないのである。しかし、「刺網」グループから制度改正の要望が挙がってこない状況であり、地域全体の漁業生産の減少に歯止めがかからないまま今日に至っている。そして、2011年には佐渡漁協と合併することとなった。さらに、高千漁協の独自の取り組みであったサザエの千倉漁協への出荷も回数が少なくなり島内産地市場への出荷が多くなっている。

(4) 小括　－採貝漁業の制約要因と10年後の展望

　以上、高千地区の磯根漁業の事例を検証してきたが、一般的に採貝漁業は操業期間が短く、漁業生産力が低位であり、漁業収入が少ないため、それのみでは必要となる所得は確保されず、他の漁業種類や他産業との兼業によって存立しているケースが多い。今日では生活に必要となる所得が低い高齢漁業者の存在によって、貝類や藻類などが水産物として供給されているといった状況になっている。

　採貝・採藻漁業は、他の漁業種類や地域内の他産業の動向によってその盛

衰が規定されており、今日、地域漁業および地域社会・経済が縮小している漁村地域が多く、こうした地域においては、このままでは採貝漁業の衰退は不可避であるといわざるをえない。やはり、採貝漁業は専業経営もしくは漁業を主とする兼業経営として成立させることは不可能であり、衰退していく地域社会・経済を好転させるような貢献や、水産物の安定供給というのは実現不可能なのであろうか。

　高千地区の事例でいえば、当地区の共同漁業権内の漁場は、年変動はあろうがおそらく2億円を超える水揚げが可能となる水産資源（の生物生産力）があると考えられる。この地域全体の水揚金額を、専業経営もしくは漁業を主とする兼業経営が成立しうるように－例えば漁業者1人あたりの水揚金額が500-1,000万円になるように－、資源を配分すればよいのである。この場合、地域の漁業者は20-40人に限定されることとなる。現在高千地区ではその人数以上の漁業者が収入補完的ではあるにせよ採貝漁業によって生計をたてており、集落内の特定の個人に資源利用を集中させることは現在の地域社会にとっては望ましいことではない。

　漁場利用制度の抜本的な改正は、現段階では高千地区のみならず全国的にみても困難である地域が多いといわざるをえない。水産行政においても、今日においては資源保全の面から漁業生産力の増強は否定的に捉えられるであろう。しかし、これから10年後を考えると漁業者数は大幅に減少することから全くもって非現実的な漁業再編の方向とはいえない。高千地区を例にすれば、表7-1でみた通り2008年の60歳未満の漁業者数は30名であり、今から10年後の2024年（2008年からは16年後）には20-40人程度にまで漁業者数が減少している可能性が高いのである。

　採貝漁業の零細性とそれゆえの他律性は、漁場条件（資源条件）の限界性や資本の零細性だけではなく、現行の低位な漁業生産力によっても規定されている。採貝漁業は、地域社会・経済の維持と水産物の安定供給の実現に貢献可能であり、これからの10年間はこうした認識をもって将来構想を描いていく必要があるのではないだろうか。

3. 1本釣り漁業：和歌山県印南地区の10年
－漁業者高齢化による資源利用低下－

(1) 当地区の概要

　印南町は和歌山県西部海岸のほぼ中央に位置し、京阪神地区からは有料道路を通ると約2時間の距離にある。温暖な沿岸部ではウメ、ミカン、キヌサヤ・エンドウ類、スイカ、花卉の栽培が盛んであり、農業が主要な産業となっている。また、瀬戸内海と太平洋が交わる地先漁場には内湾性と外洋性の生物が生息しており、それらを対象に多様な漁業が展開している。

　主な漁業種類としては、知事許可漁業の棒受網（イワシ類）、第1種漁業権漁業の採貝・採藻、第2種漁業権漁業の刺網（イセエビ・魚類）、自由漁業の延縄（タチウオ・フグ類）、曳縄（カツオ）、1本釣り（イサキ）がある（括弧内は主な漁業対象種）。

　当地区の総水揚金額は1990年代半ばまで4億円前後で横ばいに推移していたが、それ以降減少に転じ2000年代からは2億円台となり、近年は2億円前後となっている。漁業種類別にみると棒受網と延縄の水揚金額が維持されている一方で、採貝・採藻と1本釣りの水揚金額は1990年代前半にはそれぞれ1億円程度あったが、現在では2つ合わせても5,000万円程度にまで減少している。

　1978年から2008年における漁業経営体数と年齢別漁業従事者数の経年変化を表7-4に示した。漁業経営体数・漁業従事者数とも1978年から1988年は減少傾向にあったが、1998年には採貝と採藻を行なう漁業経営体数と漁業就業者数が増加した。しかし2008年には再び減少している。専兼別の経営体数をみると、専業と兼業（漁業が従）の経営体数は比較的安定しているものの、1978年において最も経営体数が多かった兼業（漁業が主）の経営体数が大幅に減少していることがわかる。専業の経営体は主に棒受網を操業している漁家であり、兼業（漁業が従）は農業を主として共同漁業権内の漁業を収入補完的に営んでいる漁家である。男子年齢別漁業就業者数を見ると、65歳上の漁業者数が1978年から1998年にかけて増加するが、

第7章　ケーススタディ　167

表7-4　和歌山県印南町の個人経営体数と男子漁業就業者数

		1978年	1988年	1998年	2008年
個人経営体数	合計	107	83	132	78
	専業	21	21	27	23
	兼業（漁業主）	52	31	25	14
	兼業（漁業従）	34	31	80	41
1経営体平均漁獲金額（万円）		179	263	254	278
男子年齢別漁業就業者数（人）	15-19歳	2	1	0	0
	20-29歳	8	7	9	6
	30-39歳	15	10	9	10
	40-49歳	49	13	21	13
	50-59歳	41	34	27	18
	60-64歳	16	15	20	10
	65-69歳	} 7	} 27	33	13
	70-74歳			26	14
	75歳以上			16	14
	合計	138	107	161	98

注：2008年の「1経営体平均漁獲金額」は漁業センサスには掲載されていないので販売金額階層の階級値を販売金額別経営体数に乗じて算出した。
出所：農林水産省『漁業センサス（関係各年）』より作成。

1998 年から 2008 年にかけて減少している。このように近年は引退する高齢者が多いが、新規参入する若年層は少ないため漁業者数は大幅に減少している。なお、1998 年から 2008 年にかけて 20 代の新規参入（6 名）があるが、これらは遊漁船業者の後継者が釣り客の来ない日にイサキの 1 本釣りやイセエビの刺網などを行っていることによるものであると考えられる。

(2) 操業類型と兼業構造

　当地区の漁業経営体は、その操業内容から棒受網を主とするグループ、延縄を主とするグループ、磯根漁業を主とするグループ、1 本釣りを主とするグループに類型化することができる。こうした階層構造は、戦後まもなく形成されたものであり、今日に至るまで漁業経営体のグループ間の移動は殆どない。

「棒受網」グループは、3-5月に曳縄、5-8月に棒受網、9月から翌年2月に延縄を行っている。2002年には、このグループは20経営体あり、水揚金額は最大で2,000万円弱（出漁日数200日強）、平均で612万円（平均出漁日数113日）と地区内では最も水揚金額の多いグループである。次に水揚金額が多いのは「延縄」グループで、3-5月に曳縄、それ以外は延縄を操業している。2002年には8経営体あり、水揚金額は最大で1,300万円程度（出漁日数200日強）、平均では411万円（平均出漁日数81日）であった。これら2つのグループは、3-5 tの漁船で操業しており、専業あるいは漁業を主とする兼業経営である。「磯根」グループは、殆どのものが農業を主に営んでおり、そのかたわら1 t前後の船外機船で刺網・採貝・採藻を行なっている。2002年には56経営体あり、水揚金額は最大で800万円程度（出漁日数300日弱）、平均では122万円（平均出漁日数65日）であった。

そして、「1本釣り」グループであるが、3 t未満の漁船で周年イサキを中心に漁獲しており、2002年には50経営体、水揚金額は最大で300万円程度（出漁日数230日）、平均では69万円（平均出漁日数63日）である。このグループは、かつては最も経営体数の多いグループであったが、新規参入する者が少なく経営体数が減少してきた。また、今日においても他のグループよりも高齢の漁業者が多く、今後も減少傾向が続いていくものと考えられる。また、2003年において「1本釣り」グループのうち18経営体は遊漁船業と兼業している。これらは、1980年代後半から釣り客数が著しく増加するなかで、「1本釣り」グループの若手漁業者や後継者が遊漁船業を開業したものである。2003年における遊漁船業者の平均営業収入は約1,800万円であり、1本釣り漁業への収入依存度は極めて低い。この遊漁船業と兼業している漁業者以外は、70歳前後の高齢漁業者が殆どである。

(3)1本釣り漁業の操業内容と資源利用の実態

では、1本釣り漁業の操業内容がどのように変化してきたのかを表7-5からみていこう。漁業者数は1993年から2003年にかけて大きくは減少していないが、平均年齢と65歳以上割合は上昇する傾向にあり、平均出漁日数

第7章 ケーススタディ 169

と平均水揚金額は減少する傾向にある。出漁日数が30日未満の経営体割合は1993年には24%であったが、2003年には64%となっており、また水揚金額が100万円以上の経営体割合も著しく減少している。

このように、1本釣り漁業は、漁業者数は変化していないが高齢化が進展するなかで、出漁日数が減少しており、趣味的・副業的な意味合いが強くなっているといえる。こうした漁業による資源利用の低迷は、遊漁船業による資源利用と比較するとより明確になる。表7-6に2003年におけるイサキ資源の1本釣り漁業と遊漁船業による利用実態を示した[5]。

遊漁船業は、漁業の水揚量で約15倍のイサキを釣獲しており、水揚金額にして約17倍の収入を得ている。仮に釣り人1人が遊漁船業の平均営業日数である123日乗船して釣りをして、毎回最高釣果尾数を釣ったとすると年間採捕量は1,428kgになるが、イサキを漁獲している漁業者のうち漁獲量がそれを上回っているものは12.5%を占めるにすぎない。このことから

表7-5　印南地区における1本釣り漁業の漁業者数と操業実態

年	漁業者数 （人）	平均年齢 （歳）	65歳以上 割合 （%）	平均 出漁日数 （日）	30日未満 経営体割合 （%）	平均 水揚金額 （万円）	100万円以上 経営体割合 （%）
1993年	60	57	33	76	24	148	43
1998年	81	60	46	61	53	99	32
2003年	58	61	59	45	64	47	22

資料：漁業者数と水揚金額は印南漁協水揚伝票、年齢は聞き取り調査により作成。

表7-6　漁業と釣船業によるイサキ資源の利用実態（2003年）

月	漁業					釣船業						イサキ 平均体重 （g）
	出漁 者数	平均 出漁 日数	水揚量 （kg）	水揚金額 （万円）	平均価格 （円/kg）	平均 営業 日数	平均 最高 釣果	平均 最低 釣果	推定 採捕量 （kg）A	営業収入 （万円）B	B/A （円/kg）	
1	17	8	553	71	1,282	4	48	21	4,403	1,012	2,299	138
2	22	12	2,158	276	1,279	9	58	39	13,140	2,024	1,540	146
3	25	10	2,401	303	1,263	9	68	46	17,248	2,139	1,240	156
4	23	9	1,463	198	1,355	12	86	39	22,815	2,852	1,250	140
5	23	12	2,987	334	1,120	18	107	71	41,236	4,117	998	124
6	17	11	1,788	143	801	21	96	48	46,658	4,738	1,015	151
7	16	12	1,101	105	953	13	77	45	25,112	2,898	1,154	156
8	15	12	1,178	114	970	8	69	44	12,863	1,771	1,377	142
9	12	12	701	56	794	7	85	40	13,598	1,541	1,133	155
10	16	11	918	63	686	9	73	51	16,408	2,047	1,248	141
11	13	6	348	25	730	10	74	44	17,405	2,392	1,374	136
12	12	5	129	16	1,236	4	61	35	4,598	805	1,751	130
年間	32	68	15,724	1,705	1,084	123	75	44	235,483	28,336	1,203	143

出所：農林水産省『漁業センサス(2003)』、印南漁協資料、乗船調査から作成。原典は工藤貴史（2005）。

も漁業者の操業が趣味的・副業的なものになっていることがうかがえる。

ところで、釣船業によるイサキの推定年間採捕量は235,483kg、年間営業収入は2.8億円であるから、イサキ釣りによる遊漁船業者の年間平均営業収入は1,667万円（＝28,336万円/17業者）、年間平均採捕量は13,852kg（＝235,483kg/17業者）となる。この1業者当りの年間平均採捕量13,852kgを全て水揚げ（出荷）した場合、この水揚増にともなう価格の低下がないと仮定すると1業者当りの水揚金額は1,502万円（＝13,852kg×1,084円/kg）となる[6]。すなわち、生産力の高い漁法（遊漁船業と同量のイサキを漁獲することが可能な漁法）を導入することが出来れば、漁業でも遊漁船業とほぼ同様の収入を得ることが出来るということである。つまり、1本釣り漁業の零細性は、主対象種であるイサキ資源の豊度によって規定されているのではなく、1本釣り漁業の低位な生産性によって規定されているといえよう。

（4）小括　−1本釣り漁業の制約要因と10年後の展望

以上、印南地区の1本釣り漁業の事例を検証してきたが、一般的に1本釣り漁業は漁業生産力が低位であり、漁業者が引退して漁業者数が減少しても残存する漁業者の資源配分が増大することによる水揚金額の増大には限界がある。例えば、ブランド化で有名な佐賀県の佐賀関の1本釣り漁業においても、漁業者数が減少しても漁業者1人当たりの水揚金額は1990年代から今日まで400万円前後で変化していないことが筆者の調査から明らかになっている。そのため、漁業者数の減少が地域全体の漁業生産の減退に直結している。

1本釣り漁業は、制度上の参入障壁は低いが、漁業生産力が低位であることが漁業への新規参入の制約要因となっており、現状の漁業生産力を前提とする限りは、若手の新規参入を期待することは現実的ではなく、現在と同様に高齢者が漁業の担い手になるしかない。とはいえ、高齢漁業者の数も今後は大幅に減少するなかで、高齢漁業者を主たる労働力とした水産物供給にも限界があるといわざるをえない。1本釣り漁業も、先に挙げた磯根漁業と同

様に地域社会・経済の維持と水産物の安定供給を実現するには漁業生産力について抜本的に見直す必要がある。現時点においてはともかく10年後には現実的な課題として認識されるのではないだろうか。

4. 刺網漁業・採藻漁業：北海道礼文島の10年
－漁業者高齢化と労働力確保問題－

(1) 地域の概要

　北海道礼文町は、北海道稚内市から西方59kmにうかぶ礼文島に位置し、本土との交通は、稚内港からフェリーで約2時間、1日2-5往復運航している。礼文島の周辺海域は、リマン海流と対馬海流が交わる好漁場に恵まれており、漁業が基幹産業となっている。その他の産業としては観光関連産業が発展している。礼文町の人口は1970年の7,535人から2010年の3,078人へと減少しており、2010年には65歳以上の人口が全体の30%を占めている。礼文町では65歳以上の人口がこれまで増加傾向にあったが、2005年の1,026人から2010年の946人へと減少しており、今後は高齢化が進展しながら、それと同時に高齢者の人口も減少していくことが確実である。

　礼文島の総水揚金額は1980年代半ばから30億円前後で横ばいに推移しており、2012年は約33億円であった。2012年の魚種別漁獲金額において第1位のホッケと第2位のウニを足すと総漁獲金額の約50%を占め、それにタラ、コンブ、ナマコを足すと約85%を占めることとなる。

　1978年から2008年における漁業経営体数と年齢別漁業従事者数の経年変化を表7-7に示した。漁業経営体数・漁業従事者数とも1978年から一貫して減少傾向にある。1経営体あたりの平均漁獲金額は1978年の213万円から2008年の806万円と著しく増大しており、地域全体の漁業生産は前述した通り安定しているが、経営体数と漁業就業者数の減少に歯止めがかかっていない。専兼別の経営体数をみると、専業経営体が増加している一方で兼業とりわけ漁業が従である兼業経営体は著しく減少している。これは、1経営体あたりの平均漁獲金額が増大して専業経営が成り立つようになった

172　高齢者漁業の10年 – 沿岸漁村における漁業者高齢化の実態とその諸相 –

表7-7　北海道礼文町の個人経営体数と男子漁業就業者数

		1978年	1988年	1998年	2008年
個人 経営体数	合計	730	682	516	442
	専業	209	203	200	263
	兼業(漁業主)	338	279	226	156
	兼業(漁業従)	183	200	90	23
1経営体平均漁獲金額(万円)		213	410	509	806
男子 年齢別 漁業 就業者数 (人)	15-19歳	15	7	2	0
	20-29歳	109	33	17	12
	30-39歳	92	102	24	17
	40-49歳	248	92	87	31
	50-59歳	236	234	84	82
	60-64歳	89	129	91	49
	65-69歳	} 128	} 187	106	33
	70-74歳			88	73
	75歳以上			75	122
	合計	917	784	574	419

注:2008年の「1経営体平均漁獲金額」は漁業センサスには掲載されていないので販売金額階層の階級値を販売金額別経
　営体数に乗じて算出した。
出所:農林水産省『漁業センサス(関係各年)』より作成。

というよりは、漁業者が高齢化し専業経営が増えてきたことによるものである。

　年齢別男子漁業就業者数をみると、65歳以上の漁業就業者数は1978年の128人から1998年の269人へと増加するが、その後減少に転じ2008年には228人となっている。しかし、65歳以上の占める割合は1978年14%→1988年24%→1998年47%→2008年54%と高齢化が加速している。2008年には最も漁業者の多い年齢階層が75才以上という状況であり、10年後の2024年には現在の半分程度にまで漁業者数が減少する可能性がある。

　礼文島には香深漁協と船泊(ふなどまり)漁協の2つの漁協が存在している。ここでとりあげる香深地区の主たる漁業種類は、ウニを対象としたうに漁業、コンブを主対象とした採藻漁業(第1種共同漁業権漁業)、ホッケ・

第7章　ケーススタディ　173

ニシン・タラを主対象とした刺網漁業（第2種共同漁業権漁業）、ホッケを主対象とした底建網（第2種共同漁業権漁業）、ナマコを対象としたなまこ桁網漁業（知事許可漁業）、その他の漁業種類としてはたこ漁業、えびかご漁業、こんぶ養殖などがある。

　漁業者はこれらの漁業種類を組み合わせて操業しており、その操業内容から大きく3つのグループに類型化することができる。第1は、うに漁業と採藻漁業を主としてそれになまこ貝桁網、こんぶ養殖、たこ漁業などを組み合わせて操業するグループ（以後、磯根グループ）で、最も経営体数が多い。第2は、刺網漁業を主としてそれと磯根漁業を組み合わせて操業するグループ（以後、刺網グループ）であり、経営体数は磯根グループよりも少ないが1経営体あたりの水揚金額は当地区では最も多い。第3は、底建網を主としてそれに磯根漁業やその他の漁業を組み合わせて操業しているグループ（底建網グループ）であり、経営体数は最も少ない。

　以下では香深漁協における刺網グループと磯根グループの操業実態から、ほっけ刺網漁業と磯根漁業における漁業者高齢化による影響と10年後の課題について検討していきたい。なお、高千地区・印南地区では最後に小括をしているが、ここではほっけ刺網漁業と磯根漁業のそれぞれの末尾で小括することとした。

(2) ほっけ刺網漁業の操業実態と10年後の課題

　香深地区の刺網グループは、2003年には29経営体48名で、1経営体当りの平均年間漁獲金額は1,925万円であった。当地区では最も収入の多い階層であり、漁家の半数程度が後継者を確保している。2011年には18経営体31名に減少し、1経営体当りの平均年間漁獲金額は2,219万円であった。2003年から2011年にかけて11経営体がグループから退出しているが、高齢のため漁業を引退したものと磯根グループに移行したものがある。

　ここでは表7-8から2003年と2011年のほっけ刺網漁業の操業実態についてみていこう。両年とも漁船の乗組員数が多い経営体ほど漁船が大きくホッケの水揚金額が多い傾向がある。ほっけ刺網漁業の1経営体あたりの

174 高齢者漁業の 10 年 ‐ 沿岸漁村における漁業者高齢化の実態とその諸相 ‐

表7-8 北海道礼文町香深地区のホッケ刺網漁業の操業実態

年	1人乗り				2人乗り				3人乗り			
	経営体数	平均年齢(歳)	平均漁船トン数(t)	平均ホッケ水揚金額(万円)	経営体数	平均年齢(歳)	平均漁船トン数(t)	平均ホッケ水揚金額(万円)	経営体数	平均年齢(歳)	平均漁船トン数(t)	平均ホッケ水揚金額(万円)
2003	12	53	4.1	356	15	53	9.8	778	2	56	13.7	1157
2011	6	52	6.4	690	10	55	11.1	796	2	59	8.0	658

出所:経営体数と水揚金額は香深漁協水揚伝票、年齢は香深漁協資料より作成。

反数は、乗り組み人数や漁船規模にかかわらず、香深漁協単有漁場では100反以内、礼文島と利尻島との共有漁場では150反以内となっている。にもかかわらず、乗組員数、漁船トン数、ホッケの水揚金額に正比例の関係があるのは、実際には全ての経営体がこの上限反数では操業しておらず、漁家はそれぞれ自らの乗り組み漁業者数・漁船規模・網外し作業者数によって操業可能な反数で操業しているからである。

　まず、漁船規模であるが、漁船トン数が大きいほど悪天候でも出漁することできることから操業日数も多くなるということが関係している。なお、ホッケの漁期である春から秋よりもタラの漁期である冬場は海が荒れることが多いので周年刺網で操業するためには 10 t クラスの漁船が必要であるといわれている。

　次に、乗組員数であるが、海上作業は船を動かしながら網入れ・揚網するので 2 名以上が望ましい。1 名でも可能ではあるが、2 名以上の場合と比較すると網入れ・揚網に要する時間が大幅にかかってしまう。操業時間（季節にもよるが午前 2 時出港→午前 3 時網入れ→午前 5 時揚網→午前 6 時帰港）が決まっているため、乗組員が 1 名の場合は出港から帰港までの 4 時間で操業を終えるだけの反数しか網をかけることができないのである。

　そして、近年、陸上作業（網外し＋選別）をする労働力の確保状況が、ほっけ刺網漁業の反数とその結果としての水揚金額に大きな影響を及ぼしているといえる。ホッケの陸上作業は、経営体によって差があるが、平均で 5-6 名、最もホッケの水揚金額が多いもので 10 名程度であり、家族労働力のみでは足りないため雇用労働力を確保する必要がある[7]。雇用労働力としては、刺網グループ以外の漁家の女性や漁業集落に在住する女性が多いが、島内の女

性は人口減少と高齢化が進行しており、かつホッケの漁期である夏場は自家の陸上作業（コンブ・ウニの1次加工）も多忙なことから、陸上作業をする労働力を確保することは容易ではない。また、ホッケの盛漁期の夏場は観光客の来島が多く、宿泊施設では漁業の陸上作業よりもよい条件で女性を雇用しており、このことも漁家が雇用労働力を確保するのを難しくしている。そして雇用労働力が十分に確保することができなければ、出荷時間の午後4時までに網外し・選別作業を終えることが出来るだけの反数で操業することとなる。そのため、今日においては刺網グループの漁家の妻（あるいは母）の最も重要な役割は、この陸上作業者を確保することになっている。

　このように陸上作業労働力が不可欠である刺網漁業であるが、そのことは漁業の参入障壁としても大きな影響を及ぼしている。先述した通り、刺網グループの経営体数は2003年から2011年にかけて減少しており、新規参入する経営体が現れない状況にある。ほっけ刺網漁業は、制度的には参入障壁は高くなく、当地区では最も高い水揚げを実現することができるが、たら刺網も操業するには船体価格の高い10tクラスの漁船を取得する必要がある。また今日においてはそれ以上に雇用労働力を新たに確保することが困難であることが参入障壁となっている。この間、後述するように磯根グループでは若年層からの新規参入があり、そのなかで水揚金額の多いものはなまこ桁網を営んでいる。なまこ桁網は刺網漁業よりも年間水揚金額は低いものの単身操業・単身水揚げが可能であり、それゆえに新規に操業を希望するものが多いのである。

　今後もほっけ刺網漁業へ新規参入する経営体が出てこないのであれば、地域のホッケの水揚金額を維持するためには1経営体当りの制限網数を緩和していくことが必要である。こうした制度改正そのものは困難ではないと考えられるが、規模拡大に応じた労働力の増強が困難であり、先述した通り女性の人口減少と高齢化が進展していることから今後さらに状況は悪化するであろう。こんぶ養殖においては、1990年代中頃から陸上労働力不足を島外からのアルバイトを雇用することによって解消しており、1998年から漁協が一括してその募集を行っている。今後は、ほっけ刺網漁業についても漁業

生産を維持するためには、こうした取り組みが必要となると考えられるが、観光業や他の漁業種類の陸上作業よりも雇用条件を良くしなければ労働力を確保することが厳しいといわざるをえないであろう。

　また、島内の人口の減少が不可避な状況にあり、島外からの雇用労働力が確保されたとしても限界があるといわざるをえない。そのため、こうした対応とは別に、労働集約型経営である現在の刺網漁業から少人数でも操業可能な漁業（例えば網外しの必要がないかご漁業や底びき網漁業）への転換の可能性についても検討されるべきであるかもしれない。現在、当地区の刺網漁業が抱えるもうひとつの問題に、トド等の海棲ほ乳類による食害問題があり、これへの対応という側面からも漁法の改良や転換についての議論が必要となっている。

(3) 磯根漁業の操業実態と 10 年後の課題

　では、次に磯根グループの操業実態について図 7-2 からみていこう。この図は 2003 年と 2011 年における漁業者の年齢と年間水揚金額との関係を示したものである。2003 年における磯根グループの漁業者は 178 名で、平均年齢は 69 才、平均年間漁獲金額は 235 万円であった。漁業者は 65-85 才に集中しており、65 歳以上の漁業者の水揚金額合計は磯根漁業全体の 68%を占め、高齢者が漁業生産においても基幹的な役割を果たしている。磯根漁業のみ（ウニ + アワビ + コンブ + ワカメ）を行っている場合は、年間の水揚金額は最大でも 300 万円強であり、図中の 500 万円を超える漁業者はなまこ桁網漁業、たこ漁業、こんぶ養殖も営んでいる。年齢が 50 代以下で水揚金額が 300 万円を下回る漁業者は、自営業（民宿や商店等）と兼業しているものが多く、それ以外は漁業の専業経営である。

　2004 年から 2011 年までに漁業を引退・廃業したものは 79 名であり、この漁業者の 2003 年における平均年齢は 76 才、平均水揚金額は 152 万円であった。75 歳を過ぎると引退する漁業者が多い。

　2011 年における磯根グループの漁業者は 130 名で、平均年齢は 67 才、平均年間漁獲金額は 254 万円であった。2003 年から 2011 年にかけて新規

第7章　ケーススタディ　177

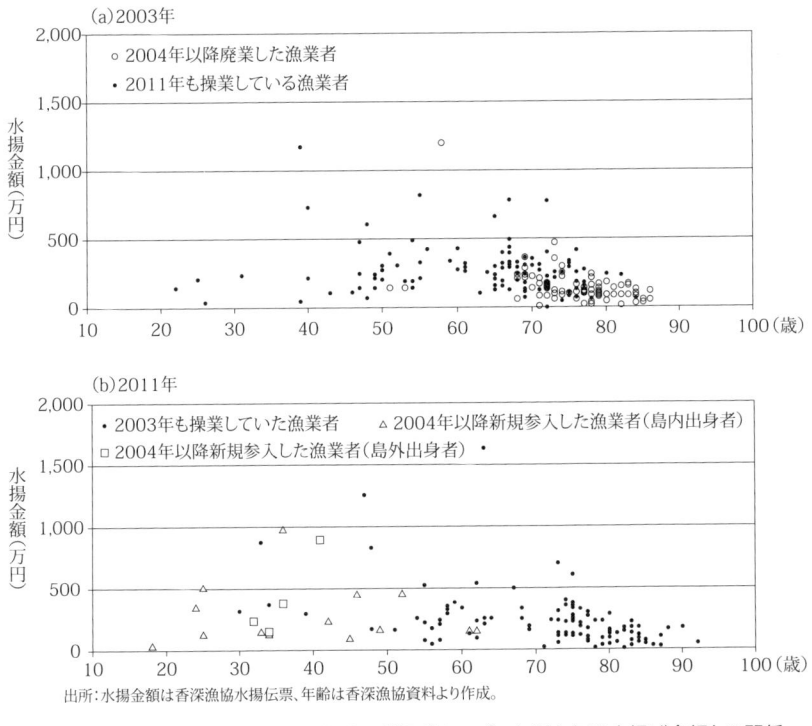

出所:水揚金額は香深漁協水揚伝票、年齢は香深漁協資料より作成。

図7-2　北海道礼文町香深地区における磯根グループの年齢と年間水揚げ金額との関係

に磯根漁業を開始した漁業者は 19 名あり、このうち 4 名は島外からの I ター
ン者である。新規参入した漁業者の 2011 年における平均年齢は 38 歳で平
均水揚金額は 307 万円となっている。新規参入した漁業者のなかにはこの
グループにおいては水揚金額が多いものがあるが、これは漁協が新規参入を
促すためになまこ桁網やこんぶ養殖といった有利な許可を優先的に与えてい
ることによるものである。

　このように水揚金額が多い漁業者は 65 歳未満のものが多く、また青壮年
層の新規参入があったことから、65 歳以上の漁業者の水揚金額合計は磯根
漁業全体の 43% と 2003 年に比較すると高齢漁業者への依存度は低下して
いる。しかし、この間漁業者 1 人あたりの平均年間漁獲金額は増加してい

るものの、2003 年と同様に磯根漁業のみを行っている場合は年間の水揚金額は最大でも 300 万円強という状況は変わっていない。そのため、磯根グループの漁業者が減少することによりグループ全体の水揚金額は 2003 年の 4.2 億円から 2011 年の 3.3 億円へと減少している。

　磯根グループの漁業者数が減少するなかで、磯根漁業のみを行っている漁業者の 1 人あたり水揚金額が増加しない最大の要因は、漁業そのものの生産力が低いことである。主たる漁業対象種であるウニにしてもコンブにしても道具は使用するもののほぼ人力に頼った採捕であり、漁業者が 1 日の操業で漁獲できる量には限界がある。また、ウニは殻むき作業、コンブは天日での乾燥作業が必要であり、こうした出荷作業の面からも現在の生産システムでは漁業者 1 人あたりの水揚増には限界がある。

　したがって、今後、磯根漁業のみを専業的に行う漁業者が新規参入する可能性は極めて低いといわざるをえない。現在、60 歳未満で磯根漁業のみを行っている漁業者は、漁業以外の自営業との兼業業者が殆どである。なお、2011 年において 65 歳以上の世代は、青壮年期には磯根漁業と冬期出稼ぎを組み合わせて生計をたてていた。現在は冬期に出稼ぎする漁業者は殆どおらず、今後もこうした就業形態での新規参入を期待することは現実的ではないだろう。

　2011 年に 70 歳以上の漁業者は 74 名であり、10 年後には引退しているものが多いといわざるをえない。10 年後の磯根漁業の担い手は、なまこ桁網漁業（当地区の許可数は 14）やこんぶ養殖（当地区の免許件数は 4 件）、あるいは刺網や底建網と組み合わせて営むものと、自営業等の他産業との兼業により営むものに限定されると考えられる。このように漁業者数が減少するなかで地区全体の磯根漁業の漁業生産を維持していくためには、漁法そのものの生産効率を高める必要があるが、それには限界があるので、それに加えて陸上作業を協業化するなどの生産システムの改変が必要であると考えられる。

　なお、こうした磯根漁業のみを行う漁業者の減少は、磯根漁業者によって陸上作業が支えられてきた刺網漁業にとっても大きな影響を受けることにな

る。つまり、磯根漁業、刺網漁業という単体での漁業の展望と課題について
検討するだけでは不十分であり、これからは地域全体の労働力構成の変化に
応じて、地域全体の漁業生産構造をどのように再編していくのかということ
を考えていく必要があるといえよう。

5. おわりに

　以上、3地区の事例から漁業者高齢化の実態とその問題の諸相について見
てきたが、いずれの事例においても調査した10年間において漁業者の高齢
化が顕著に進んでいる。そして漁業者高齢化により、漁場利用制度問題、資
源利用低下問題、労働力確保問題が生じており、その結果、地域全体の漁業
生産力が低下している。こうした変化は今後さらに進んでいくことが確実で
ある。

　10年後の漁村を見据えて地域社会・経済の維持と水産物の安定供給の実
現に向けた課題としては、ここで取り上げた「高齢者漁業」の場合、その低
位な漁業生産力を改善することが第1に挙げられる。そして、漁村地域の
人口が減少することが不可避であることから、現状よりも少ない労働力を前
提にした新しい生産力展開が必要となろう。また、こうした現状認識と将来
展望にたって、10年後の労働力構成に見合った生産構造を如何にして構築
していくのか、そして、それを計画して推進していく主体について考えてい
くことも重要な課題である。

　その主体は、漁協が最も現実的な担い手であろう。現状においてそのよう
な力量のある漁協が多く存在しているとはいいがたいが、現状では他にこの
難局を主体的に取り組むことができるような組織があるとは思えない。勿論、
個別経営体についてみれば、残存経営体が少なくなる中で先進的な企業経営
が出現しており、今後さらにこうした経営体が増えていくであろうが、それ
だけでは水産物の安定供給や水産物の多様性は維持されないであろう。とり
わけ、本章で取り上げたように、生産性の低い漁業についてはこうした先進
的な経営体の出現を待つことは現実的ではない。

漁業は、生産物となる水産資源、そして漁場が私有化されていないことに産業としての特徴がある。これまでは、無主物であるがゆえに乱獲や紛争が起こるとしてネガティブな捉え方がされてきたが、水産資源や漁場が私有化されていないが故に、地域の主体的な地域づくり＝資源利用・漁場利用の柔軟な調整が可能なのである。資源利用・漁場利用の調整は、これまでも漁協の主たる役割のひとつであったが、漁業者数が減少し高齢化する状況のなかで、水産物の安定供給という側面からみてもその役割の重要性は今まで以上に大きくなってきているといえる。

参考文献

工藤貴史「磯根漁業の操業類型と就業構造」『平成10年度沿岸漁業経営条件調査委託事業　地域調査報告書（新潟県相川地区）』、全国沿岸漁業振興開発協会、1999年。

工藤貴史「漁村地域における遊漁船業の発展と役割—和歌山県印南町地区を事例として—」『漁業経済研究』第50巻第1号、2005年、p43-62。

工藤貴史「離島漁業の問題構造と政策課題－北海道礼文島を事例として－」『北日本漁業』第35号、2007年、p57-68。

工藤貴史「日本の漁業・漁村の現状と課題」寺西俊一・石田信隆（編）『農林水産業の未来をひらく』中央経済社、2013年。

[1] 新潟県佐渡市高千地区の事例は、工藤(1999)、工藤(2013)の内容を加筆・再構成したものである。

[2] 和歌山県印南町地区の事例は、工藤（2005）の内容を加筆・再構成したものである。

[3] 北海道礼文町香深地区の事例は、工藤（2007）の内容を加筆・再構成したものである。

[4] 島内の産地市場におけるサザエの価格は1970年代後半には年間平均で300円台後半、最盛期には高値でも200円台と低く、それが千倉漁業への出荷による価格向上の取り組みの契機となった。その後、佐渡全体のサザエの漁獲量が減少するなかで産地市場における価格も上昇傾向となり、1990年代後半には千倉漁業へ出荷した場合の価格との差は縮小する傾向にあった。

5 表7-6 の各数値は以下の資料と方法によって求めている。漁業の出漁者数、平均出漁日数、水揚量、水揚金額、平均価格は水揚伝票を整理して求めた。遊漁船業の平均営業日数、平均最高釣果、平均最低釣果はそれが確認することができる遊漁船業者7業者のホームページから求めた平均値である。遊漁船業の推定採捕量は以下の手順により求めた。1) 地区全体の年間推定釣船利用客数は農林水産省『漁業センサス (2003)』の数値である 36,000 人とし、聞き取りによればその 70% はイサキ釣りの客とのことなので、地区全体の年間推定イサキ釣客数は 25,200 人（=36,000 人 × 70%）とした。2) この年間推定イサキ釣客数に月別の平均営業日数の割合を乗じて月別推定イサキ釣客数を求めた。3) 月別推定イサキ釣客数に平均最高釣果と平均最低釣果の平均値を乗じて月別推定採捕尾数を求めた。4) 月別推定採捕尾数に月別イサキ平均体重を乗じて月別推定採捕量を求めた。なお、月別イサキ平均体重は、筆者らが実施した 2002 年から 2003 年における毎月1回の釣船乗船による釣獲調査によって得られたデータ（全 826 個体）から算出している。月別営業収入は月別推定イサキ釣客数に乗船料金の 11,000 円を乗じて求めた。

6 印南地区の1本釣りで漁獲されるイサキは活魚出荷されており、それによって表7-6 で示されるような高価格を実現している。そのため、この仮定は、実現可能性はともかく活魚出荷を前提としている。

7 乗組員が多い漁家ほど網外し作業をする家族労働力が多いので（例えば2人乗りであれば父 + 息子 + 母 + 息子の妻）、そのことも1人乗りよりも多い反数で操業することができる要因となっている。

第8章　ケーススタディ　日韓台の高齢化の実態とその対策
山下　東子

1．はじめに

　日本では漁業就業者に占める 65 歳以上の高齢者の割合は 35.2%(農林水産省『漁業センサス (2013)』) であり、漁業者の高齢化が問題となっている。これは漁業者が高齢になっても引退せず、産業内に残留する一方、若年層の新規参入者が年間 2,000 人程度と漁業就業者の 1.2% 程度を占めるに過ぎないことから生じている。漁業就業フェアなど若年層の新規参入を促すための施策は講じているものの、今のところ際立った効果は上がっていない。しかし高齢者はいずれ退職する。そのとき待っているのは急激な漁業就業者の減少である。

　そこで本稿では他の国・地域で漁業者の高齢化問題は生じているか、生じているとすればどのような対策を講じているのかを探り、その状況を日本と比較することを通じて日本の問題を相対的に位置づけるとともに高齢化対策の政策的インプリケーションを探ることとする。

　比較対象に選んだのは韓国と台湾である。これらの国・地域を選んだ理由は先進国・新興工業国で所得水準が高く、漁業が盛んである一方、漁業以外の産業部門にも豊富な就労機会があるという点で日本と類似しているためである。研究の方法としては、対象国の行政、研究者、漁業団体、漁業者を訪問して面接調査を行い、その結果とすでに筆者が蓄積してきた日本の漁業者事情とを比較するという方法を取る[1]。

　以下、2. では各国の漁業者数や年齢構成、漁業所得を比較する。3. では漁業者の新規参入政策とその効果を比較する。4. では特に外国人労働力の活用方策を比較する。最後に結論として、台湾は外国人労働力への依存が、韓国は兵役免除による若年層のリクルートが特徴的な対策であるのに対して、

184　日韓台の高齢化の実態とその対策

日本では高齢漁業者の引退の延期によって一定の漁業労働力が保たれている
と述べる。

２．３か国・地域における漁業就業実態

　まず対象となる３か国・地域の漁業の概要を見てみると、図8-1に示す
通り、日本は世界生産量に占める割合が4.1%(2011年)と３か国・地域中
最大であるが1989年以降その数量は減少の一途を辿っている。韓国が世界
生産量に占める割合は1.9%(同年)で、2000年以降生産量は安定している。
同様に台湾は1.0%(同年)で、2003年以降微減傾向にある[2]。
　その他の社会指標・漁業概要については表8-1に示した。韓国と台湾に
ついては、漁業者向け年金制度、その他の事情から漁業に従事していない者
も漁業者数に含まれている。そこでより現実的な漁業者数として近海(沖合)・
沿岸漁業者の概数が参考になるだろう。漁業者世帯の所得はいずれの国・地
域においても一般勤労者世帯のそれを下回っている。

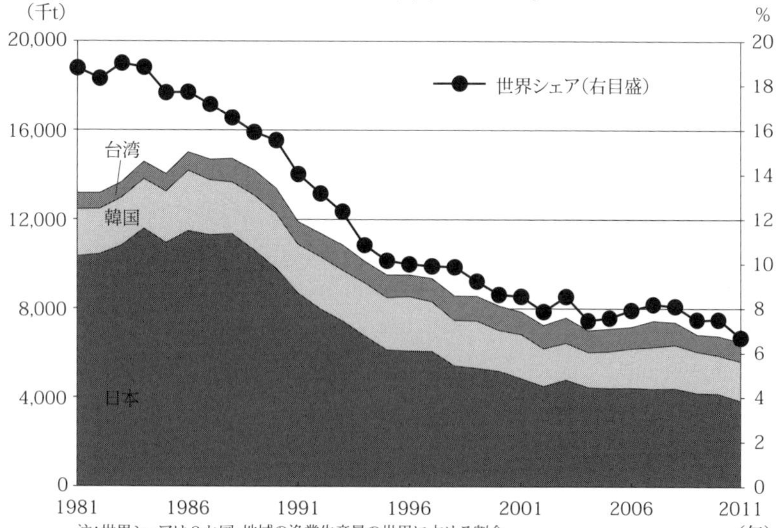

注：世界シェアは３か国・地域の漁業生産量の世界に占める割合。
出所: FAO, Fishstat Plus

図8-1　3か国・地域の漁業生産量と世界シェア

第8章 ケーススタディ 185

表8-1 3か国・地域の社会指標

国・地域	台湾	韓国	日本
漁業者数(人)	330,000(注1)	160,000(注1)	181,000
近海漁業者(人)	20,000	100,000	18,100(注2)
沿岸漁業者(人)	60,000		162,900
生産量(2011年、t)	903,905	1,761,785	3,849,522
人口(百万人)	23	50	130
平均家計所得 (US$1,000/年)	38.4	53.9	54.1
漁業雇用者所得 (US$1,000/年)	10.4	30.0	28.0
平均漁家所得(漁業所得) (US$1,000/年)	25.5	37.4(19.5)	39.0(22.3)
漁業者／非漁業者所得(%)	66.4	69.4	72.1
年金給付額(US$1,000/年)	25.2	有(注3)	65.4

注1: 漁業を営まない者を含む
注2: 沖合・遠洋漁業者計
注3: 年金制度に加入できるかは契約による
出所:台湾、韓国については聞き取り調査および面接者提供資料。日本については水産庁「水産白書」等。

(1) 韓国の漁業就業実態

　韓国について平均漁家所得(2012年)の内訳を紹介しておくと、漁家所得37,381千ウォンの52.3%を漁業所得が占め、30.4%を漁業外所得が占める[3]。これには「漁村契」が営んでいるインターネット販売、直販、食堂、加工、観光、釣り案内などからの収入が含まれる。つまり韓国では漁業者には個人での漁労活動のほかに「漁村契」としての仕事と相応の収入がもたらされているのである。この他、8.8%を公的補助金、私的援助などの移転所得が、8.6%をその他の収入が占めている。また、平均漁家所得は非漁業者の家計所得の7割程度と低いが、農家所得はこれを下回る31,031千ウォンとなっている[4]。

　年金について言及すると、韓国では幹部クラスの乗組員とそれ以外では年金の扱いが異なり、一般乗組員には年金が手当てされていないこともある。底引き網漁業を例に取ると、船長、機関長などの上級職員は漁業会社に所属しており、会社が年金の2分の1を、本人が残り2分の1を負担して納付

している。しかし一般の乗組員は船長のもとに集まって年間半年程度乗船・就労しており、彼らは年金制度に組み入れられていない[5]。

さて、この3か国・地域の年齢別漁業者構成を見てみよう[6]。図8-2に示す通り、65歳以上の比率は日本が最も高く、韓国がこれに続く。しかし65歳以上の漁業者がほぼ引退する10年後を見ると、日本の高齢化率はむしろ下がると予想される一方、韓国は現在60-64歳のグループ(37.0%)が引退しなければ高齢者層を形成することとなり、場合によっては日本以上の高齢化が短期間に訪れることになるだろう。

韓国では水産高校を卒業して漁業に従事する人は9%程度で、そのほとんどが養殖業に着業する後継者である[7]。若年層が漁業に参入しない理由や高齢者が引退しない理由について様々な意見を聴取した。若年層が参入しない理由として、KMIのチェ・ソンエ氏は第1に収入の低さを上げている。現

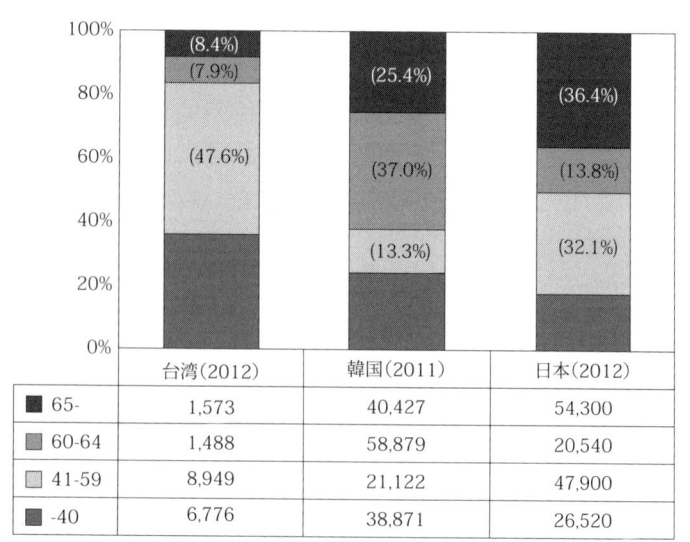

	台湾(2012)	韓国(2011)	日本(2012)
■ 65-	1,573	40,427	54,300
■ 60-64	1,488	58,879	20,540
□ 41-59	8,949	21,122	47,900
■ -40	6,776	38,871	26,520

注:台湾のデータは澎湖県のみ
出所:台湾は澎湖漁会資料、韓国はKMIチェ氏提供資料、日本は農林水産省「漁業就業動向調査」
　　2012年、ただし男子のみ。

図8-2　年齢別漁業者数

行の 3 倍程度の収入になり、家計所得で 1 億ウォン以上になれば参入は促進されるだろう。今日でも収入の高い漁家には後継者がいることから参入の有無は収入と直結していると述べている。そして第 2 の理由として、全国に 1,900 か所ある「漁村契」が参入障壁になっていると述べている。「漁村契」が受け入れてくれなければ新規参入者として漁業を営むことができないからである。

　また、高齢者が引退せずに漁業を続ける理由としては、漁業経済研究所のキム・ジュンホン氏は他の就業機会のなさ、漁業権を手放したくないため、埋立補償金を期待した残留を上げている。海洋水産省のソン・ジュンパク氏は若年層の新規参入がないために高齢者の割合が高くなっているのだと述べている。

　但し、来るべき高齢化時代に向けた漁業のあり方などについての調査研究には国としてまだ取り組んでいない。韓国漁業の高齢化問題についてはKMI のチェ・ソンエ氏が中心となって 2014 年 3 月、『高齢化時代の漁業者の福祉向上のための政策研究』が取りまとめられており、これが韓国における漁業者高齢化問題への取り組みの嚆矢と言える。その内容は都市と漁村、漁村内の所得格差を明らかにしたもので、漁村には貧困問題が存在すると結論付けている。しかしチェ・ソンエ氏によると貧困層の大部分が高齢者であると思われるがその内訳についてはまだ研究されていないとの事であった。政府の高齢者福祉対策もまだ農村が中心で、漁村にまでは手が回っていない。水産庁のソン・ジュンパク氏も高齢者が何歳まで働き続けるかについてはまだ調査していないと述べている。

(2) 台湾の漁業就業実態

　台湾 (澎湖) の漁業就業者は 60 歳以上が 16.3% にとどまり、むしろその下の 41-59 歳の層が 47.6% と厚い。数字の上では高齢化しているとまでは言えない台湾においても、聞き取り調査では若年層の漁業離れと漁業者の高年齢化を懸念する声が行政、研究者、漁会のいずれからも上げられた。

　台湾の漁業者のライフコースはおおよそ次のようなものである。たとえば

遠洋マグロはえ縄漁業が盛んな高雄では、船員として乗船し 50-62 歳で船長になり、引退する。引退後は漁業経営者として外国人船員を雇い、遠洋はえ縄漁業を経営する。高齢になったからと言って遠洋漁業を引退した者が沿岸漁業を開始するようなことはない[8]。

　遠洋漁業や近海漁業で貯えた資金を養殖業に投資する例もある。屏東県では漁業者 3 万人 (実質的な漁業従事者は 2 万人) のうち、内陸養殖に従事する世帯が 4,500 世帯存在する。彼らは中国向け輸出用にグルッパ、フエフキダイ、クロダイを養殖している[9]。内陸養殖は近年利益の見込める漁業として注目されており、後継者も内陸養殖業では確保できているという[10]。しかし近海漁業では後継者の確保は十分できていない。たとえば高雄の近海漁業においては、地域に 6,000 人 (実質的な漁業従事者は 2,000 人) の漁業者がいるが、うち後継者は 300 人に過ぎない[11]。近海漁業者自身にも、子息が漁業を後継することを望んでいない人々が少なくない。漁業者に対する聞き取り調査では大学教育を受けさせた子息が都市でサラリーマンや教員をしていることを自慢することは珍しくなかった[12]。その理由として、澎湖の漁業者は、漁業は社会的地位が低く、収入は低くはないものの不安定であることを上げている。

　なお、台湾では「漁業は 3D だから」、時には「4D」の職業であるために新規参入がないのも仕方がない、との声も各所で聞かれた。これは日本の3K(きつい、危険、汚い) に相当する英語で、Danger(危険)、Dirty(汚い)に加えて Difficult(難しい)、Demeaning(品位の低い) が加わることがあるという[13]。

　日本の年金制度についてはすでに山下 (本書第 1 章)、大谷 (本書第 3 章)で言及している。台湾の漁業者年金制度について言及しておくと、加入してからの年数にもよるが、65 歳から月額 7,000 元の年金が支給される[14]。この水準については「年金のみで生活するには足りない」という声と「カラオケ、飲酒などの贅沢をしなければ十分」という声が聞かれた。「漁民年金」と呼ばれるこの漁業者年金は弱者救済を目的とした議員立法によって制度化されたもので、給付原資の 80% を台湾政府が負担し、漁業者本人の負担額は

20% となっている。納付額については、月額 24,000 元の給与の人が収める年金保険料は 300 元程度である[15]。このように納付に対する給付の割合が高く、漁業者が優遇されているため、実質的に漁業に従事していない人々もこの年金に加入するようになった。そのため漁業者数として掲げられている数値 (表 8-1) は実際の漁業従事者数を大幅に上回る結果になっている。こうした手厚い年金のあることが、台湾の漁業者の引退促進要因になっている可能性もあるだろう。

3．3か国・地域における高齢化対策とその効果

　各国・地域とも行政は漁業者高齢化問題、とりわけ若年労働者の新規参入が少ないという問題意識を持っており、その対策のための法制度や参入促進策を用意している。順に見ていこう。

　韓国では帰農村帰漁村奨励策が用意されている。これは「帰農漁帰村支援に関する法律」に基づいており、このプログラムのもとに帰農すると、各種補助金、低利融資、起業支援などの援助が受けられる。釜山水産科学院には帰農漁センターも建てられる予定である。また大型まき網漁業協会は兵務省と掛け合って新規高卒者が 200t 以上の船で操業する同漁業に従事すると兵役を免除されるというスキームを確立した。これらの制度的支援の結果、高卒で漁業に従事する者が約 20 名現れたという。2012 年からは漁船規模も 100t に緩和された。また今後は漁業種類も拡大したい意向である[16]。

　台湾では若者の農業着業促進策が用意されている。このプログラムには漁業も含まれている。その一環として、水産高校ないし水産系大学を卒業後 1 年間漁業に従事すると、給与とは別に政府から 100 万元 (US$30,000) という高額の報奨金が支給される。サラリーマンの初任給が月額 27,000 元程度との事から、報奨金の大きさが理解されよう。この報奨金の存在は台湾全体に周知されているようで、聞き取り先で必ずこの制度の存在について解説があった。しかしこの制度が開始された 2011 年からの 1 年間でこのプログラムに参加した者は 6 名に留まっている。

190 日韓台の高齢化の実態とその対策

　日本では年間 6 回、「漁業新規就業者フェア」が全国の主要都市で開催されている。たとえば東京で開催されたあるフェアには約 300 名の就業希望者が参加したが、この日面接した漁協や自治体とマッチングできたのは全体の数 % に過ぎなかった。

4．3 か国・地域における外国人労働力の活用

　前節で見たとおり、行政は若者の新規参入を求めて各種施策を講じているものの、その効果が十分現れているとは言い難い。この状況下ではたして漁業部門が過剰労働力を抱えているのか否かは議論のあるところであろうが、短期的に労働力不足が生じているのは明らかである。というのは、どの国・地域においても外国人労働力の活用が行われているためである。表 8-2 にその概要を示した。

　とりわけ、最も積極的に外国人を活用しているのが台湾である。台湾では産業部門も家計部門も積極的に外国人労働力を活用しており、製造業 (21,000 人) とサービス業 (131,000 人) で計 15 万人の外国人が働いている。漁業も例外ではなく、6,342 人が漁業部門に従事している。たとえば澎湖区漁会を例に取ると、台湾人の船長・乗組員が 19,000 人いるのに対して外国人船員はインドネシア人 1,100 人、中国人 400 人、フィリピン人 86 人の計 1,586 人が漁業に従事しており、全体の 7% に相当する [17]。蘇澳区漁会では 6,393 人の台湾人漁業者に対して外国人乗組員が 2,000 人強おり、うち 400 人が中国人、他がインドネシア人とフィリピン人であるという。外国人労働力の活用は蘇澳ではすでに 20 年来行われており、ここ 10 年はこの程度の人数で安定しているとのことであった。

　台湾における外国人労働力の活用の徹底ぶりは沿岸漁業にも導入されていることからもわかる。たとえば基隆近くの漁村における近海イカ釣り漁船 (49t) では 68 歳の船長のみが台湾人で他の 5 人の船員はすべて外国人、という船もあった。澎湖のサワラ・イカ火光利用まき網漁船 (20t) は 1 名の台湾人船長と 3 人の外国人の計 4 人で操業している。同じ漁業を営む別の台

第8章　ケーススタディ　191

表8-2　外国人労働力の活用例

国・地域	台湾	韓国	日本
背景	産業部門、家計部門で常用 15万人を製造業（2.1万）とサービス業（13.1万）で活用	2010年より外国人労働力を沖合漁業へ導入 漁業へは最大1,000人 3年＋3年	2005年より外国人技能実習生を導入 全体で約5万人 1年間訓練生、2年間実習生の計3年
漁業部門での外国人労働力	6,342人（養殖業を除く） 膨湖県の場合、 台湾人　　　　19,000 インドネシア人　1,100 中国人　　　　　400 フィリピン人　　　86	1,000人 大型まき網は乗組員1700名中300名 近海底引き網は2000名中300名 近海はえ縄は300名中200名 国籍は多い順にインドネシア、中国、ベトナム、ラオス、ミャンマー	1,782人（漁業に1,056人、養殖業に726人） 沖合漁業で活用 国籍は中国66.2％ その他はベトナム、 フィリピン、 インドネシア、 タイ、その他
賃金US$/月	中国人　　　　600 その他　　　　540		1年目　　　　　500 2年目、3年目　800
労働力活用例	沿岸においてもイカ釣り漁船の台湾人船長と外国人労働者で操業する例がある 中国人は沿岸12カイリ以上は近づけない。他国人は上陸できる。	近海はえ縄ではほとんどの乗組員が外国人 沿岸漁業には活用されていない模様	沿岸漁業には活用されていない 漁業の他に水産加工部門で外国人労働力を活用

出所：台湾、韓国については聞き取り調査および面接者提供資料。日本についてはJITCO（公益財団法人国際研修協力機構ウェブサイト（http://jitco.or.jp/）等による。

湾人船長は漁船漁業 (17t) のほかに観光地引網も営んでいるが、台湾人5名を歩合制で雇用するほか外国人1名を雇用している。屛東県の近海マグロはえ縄漁船 (CT2 というクラスの漁船) では台湾人船長と3人のインドネシア人船員の計4人で1週間の航海を行う。このように外国人の活用は台湾全土の沿近海漁業で一般化している。ただし台湾では主として陸上で行われている養殖業には外国人労働力を活用することは認められていない。

　韓国では、台湾ほど徹底的ではないが、やはり外国人労働力は導入されている。先に韓国の漁船漁業構造について述べておくと、大型まき網、大型機船底引き網、近海はえ縄の漁業協同組合と協会があり、そこに所属する漁船勢力・漁業概要は表8-3 に示す通りである。漁業部門へは 2010 年から年間最大 1,000 人という上限枠のもとで外国人が沖合漁業に従事することが認められた。その内訳は、大型まき網漁業に 1,700 人の乗組員の 17.6% にあたる 300 人が、沖合底引き網漁業に 2,000 人の乗組員の 20% にあたる 400 人が、遠洋はえ縄漁業には 300 人の乗組員の 67% にあたる 200 人が外国人乗組員となっている。その他の外国人労働力は製塩部門で活用されている。外国人労働者の国籍としては、中国、ベトナム、インドネシア、ラオス、ミャ

表8-3　韓国の漁船漁業構造

所属団体	所属船団	会員数	乗組員数、年齢	漁業の概要
大型まき網漁業協同組合	24船団	21人	1,700人 2分の1が55-65歳。定年は61歳でその後は1年契約。殆んどが雇用継続を希望。2013年水産高校新卒を20名確保。	済州島西側でのサバ漁業。1泊2日の航海。他の漁業より漁労は軽度。
大型機船底引き網漁業協同組合	大型トロール　52隻 大型2艘引き　30 x 2隻 大型1艘引き　8隻	103人	2,000人 2分の1が50歳代。20-30歳代は10%以下。65歳以上は5%。労働強度が高いため、60歳を超えると自然退職。	漁場は東シナ海
釜山近海はえ縄漁業協会	近海はえ縄　12隻 イカ釣り　50隻	60人	300人 50-60歳代が70%、20歳代は皆無。はえ縄は労働強度が高い。イカ釣りの乗組員は1隻あたり6-7名で外国人を5名程度乗船させている。	

出所：各組合・協会より筆者聞き取り。

ンマーの順に多い。またその契約期間は 3 年で、その後 3 年間の延長が可能である。

遠洋はえ縄漁業や底引き網漁業の漁業団体も大型まき網漁業のように兵役を免除される特典を得て韓国人の若者を漁業に呼び込みたいと願っている。しかし兵役免除を決定するのは海洋水産省ではなく兵務省であるため、間接的にしか働きかけを行えないことを歯がゆく思っている。

日本の外国人労働力の活用は、遠洋漁業におけるマルシップ制度を除けば「技能実習生」制度のもとで行われている。2005 年から毎年約 5 万人の人々が日本で 1 年間の訓練とその後 2 年間の実習、計 3 年の訓練と実習を行い、その間既定の給与が支払われる。漁業部門では 2013 年時点で 1,000 人強が漁業に、800 人程度が養殖業に従事し、年間約 1,800 人の実習生が実習を受けている。またこのほかに水産加工業でも約 2,000 人が加工労働に従事している。その国籍別内訳は、中国が 66.2% で最も多く、その他ではベトナム、インドネシア、フィリピン、タイなど東南アジアが中心となっている[18]。しかし、漁業において外国人実習生が入っているのは沖合漁業が主であって沿岸漁業には入っていない。1 経営体あたりの船員規模が零細なこともあり、また経営者自身からも要望が上がってこないのが現状である。

5．まとめ

韓国、台湾、日本の 3 か国・地域は自国の若年層の漁業労働力の参入が不足するという共通の問題に対して類似の方法や各国ユニークな方法で対応してきた。なかでも台湾は外国人労働力の積極的な活用により、より低コストの労働力で一定の漁業生産を維持するという思い切った方策がとられていることが特徴的である。1,000 人に上限を決める韓国や、技能実習生という名目を借りる日本など、幾分制限的な政策を取っている国々とは、外国人活用の姿勢が異なると言えるだろう。

そもそも漁業を継続する目的が地域雇用の確保にあるのか、地域産業の維持にあるのか、漁業生産物の安定供給にあるのか、あるいは経営者の利潤増

大かなど、その目的によって外国人活用へのわりきり方は変わってくるだろうが、台湾の事例はその光と影を詳細に分析したうえで他国が検討材料にする価値があると思われる。

　対して、韓国での兵役免除政策は、国の防衛政策と結びついたユニークな制度である。おそらく大型まき網船内での労役や共同生活が、軍隊での訓練に匹敵すると認められたのであろう。徴兵制を持たない国にとっては適用できない制度ではある。しかしたとえば日本では、高校や大学卒の若者が就職難に直面しており、その原因の１つが彼らの社会経験不足にあると言われている。就職対策として在学中にわざわざ海外ボランティアに出かけて経験値を上げ、他の学生と差別化しようという学生もいるくらいである。それならば長期休暇中などを利用した漁船への乗船実習も、就職の準備のためのインターンシップの候補の１つになりえるかもしれず、そこから漁業に適性を見出す若者が現れるかもしれない。

　さてこのような、他国・地域の解決策を見ていくと、日本の高齢化、および高齢漁業者の引退延期は、若者の参入代替としての漁業労働力確保のための一方策との位置づけを与えることができるかもしれない。それは行政等から特段のインセンティブを与えられたものではないが、漁村内で労働力の更新が起こらないための代替策であるということもできる。労働力の供給を外国人など外部に求めるのではなく、内部調達しているのである。とりわけ重要なのは、高齢漁業者が無理やり働かされているのではなく、自らの意志で漁業を継続しているという点である。日本型の内部調達策は、社会保障制度が日本や台湾ほど整っていない韓国で、今後高齢になっていく漁業者が追随していく可能性もあろう。日本の高齢漁業者の漁業継続はこのような視点で相対化することができる。

第 8 章　ケーススタディ　195

1　台湾への訪問調査は 2012 年 3 月、韓国への訪問調査は 2014 年 1 月に実施した。日本での調査は 2011-13 年度に行った。

2　FAO Fishstat Plus による

3　2014 年 1 月の為替レートは 1 ウォン＝ 0.0975 円である。

4　KMI(韓国海洋科学院) 研究員チェ・ソンエ氏より提供を受けた KMI 資料による。

5　大型機船底引き網漁業協同組合指導課長のハ・イクボン氏の説明による。

6　台湾には政府が発表している年齢別漁業者数のデータが存在しない。そこで台湾の離島である澎湖島の澎湖区漁会から提供を受けた同地域のデータを充てた。また年齢区分については最も粗い韓国の年齢区分に他の 2 か国・地域を合わせて描いている。

7　韓国漁業協同組合・漁業経済研究所長キム・ジュンホン氏による。

8　高雄区漁会における聞き取りによる。

9　屏東県政府における聞き取りによる。

10　高雄市政府海洋局における聞き取りによる。

11　高雄市政府海洋局における聞き取りによる。

12　澎湖漁会の漁業者、高雄市政府海洋局における聞き取りによる。

13　Wikipedia(英文) による。同解説によると、日本の 3K が発端となり、アジアで概念化されたブルーカラー職を指す言葉であると言う。

14　2012 年 3 月の為替レートは 1 元 (台湾ドル) ＝ 2.80 円である。

15　高雄市政府海洋局、高雄漁会からの聞き取りによる。

16　海洋水産省所得福祉課長ソン・ジュンパク氏による。

17　外国人労働者の賃金は、中国人船員が US$600 と他の船員 (US$540) より 1 割程度高めに設定されている。しかし中国人は海上活動のみが許されており、沿岸から 12 マイル離れた船宿に宿泊しなければならない。インドネシアやフィリピン人船員は徐々に規制が緩和され、上陸して私用の買い物などもできるようになっている。

18　JITCO(公益財団法人　国際研修協力機構) ウェブサイトより。http://www.jitco.or.jp/about/data

第9章　これからの漁村と漁業構造改革

山下　東子

　本章では10年後の漁村がどのような姿になるのかを見極め、より望ましい姿にしていくにはどのような改革が必要であるのかを論じ、結論とする。

　10年後の漁村において、昭和一桁生まれ世代（1926-1934年生まれ）のほとんどは、もはや漁業を続けていないだろう。工藤（第4章）は1980年代半ばから指摘されていた漁業者の高齢化は昭和一桁生まれ世代の加齢していく過程だったと述べている。この世代が今日、徐々に引退しているさなかにあり、高齢化の課題は新たな局面を迎えようとしている。しかし漁村にはなお、その次の世代である団塊の世代（1946年生まれ以降の数年間）が昭和一桁に次ぐ大きなコーホートを形成している。10年後には団塊の世代の漁業者も引退時期を迎え、高齢漁業者数そのものは減少していくだろう。

　ただし、高齢化率は低下しない。というのはまだ高齢になっていない世代の絶対数が少ないうえに新規参入の増加も見込めないからである。山内（第2章）の推計によると、2028年には漁業者が2008年の36.9％になり、2008年に45.9％であった高齢化率は61.6％になる。10年後の漁村は、ここに向かう途上に位置づけられるため、漁業者数が急減すると同時に高齢化率は上昇を続ける。漁業者の減少によって漁業生産も減っていく。山内は2028年の延べ販売金額が2008年の32.0％になると推計している。

　このような状況が漁業として望ましい姿なのかを議論するためには、そもそも漁業の目的が何かということに立ち返る必要がある。水産基本法に唱えられた「水産物の安定供給の確保」と「水産業の健全な発展」を目標とするならば、10年後の漁村はもはや安定供給の確保も産業の発展も確保されていない不健全な状態に陥っていると言えるだろう。但し、「生涯現役社会の実現」という国家的目標に照らせば、高齢になっても漁業を続けたいうちは漁業を続けられるような漁村環境の実現—高齢化率の上昇は高齢者が漁業を続けられている証拠であるともいえる—は望ましい姿であるということも

できる。このような、異なる2つの目標を同時にある程度達成することを、さしあたり10年後の望ましい姿であるとする。

　これを実現するためには、(1) 高齢者がいつまでも働き続けられるような漁村づくり、(2) 新たな担い手の確保、および (3) 少人数でも生産量を維持できるような効率的な漁業経営が必要となり、それを可能とするような漁業構造改革が求められるだろう。以下ではこのために何が必要かを議論して、本書のまとめとする。

(1) 高齢者がいつまでも働き続けられるような漁村づくり

　高齢者が漁業を継続することの社会的利益は社会的費用を上回っている。従って、特段の引退促進策は必要ないというのが山下（第1章）の結論であった。しかし大谷（第3章）は、好きで漁業を継続している人ばかりではなく、漁家廃業後の職業の移行が困難なため、あるいは生活の維持のため、消極的な理由によって滞留せざるを得ない人もいると指摘している。このような人々が、加齢に応じた就業・所得機会を得ることができれば、10年後の漁村では今日と同等かより高い割合で高齢者が働き続けることができるだろう。

　加齢に応じて漁業種類を変更することができれば、高齢漁業者は自らの体力と必要な収入に応じて漁業内で就労内容をおそらくはより軽度なものへと転換しつつ漁業を継続していくことができる。しかし工藤（第4章）によると、加齢に応じていわゆる「高齢者漁業」へと転換できているケースはそれほど多くない。2003年に高齢者漁業を営んでいた経営体が2008年にも同じ漁業を営んでいるケースが1万件超と圧倒的である。また漁業種類を移動させるケースにおいても、高齢者漁業間での移動が最も多いという。つまり、加齢に応じた漁業種類の変更は現実には容易ではない。そこで漁業構造改革の1つの柱は、よりフレキシブルな漁業種類の変更が可能になるような漁業構造の実現であろう。そのためには漁業規制の緩和と漁業種類変更の調整を担う仲介組織が必要である。

　高齢漁業者が漁業を継続することが困難になる要因は、海上・陸上労働で

の労働力が確保できないこと（工藤（第7章））、および、漁船設備が壊れ、更新するまでもないとあきらめること（山下（第1章）、加藤（第5章））であった。

　海上労働力については、後継者がいない高齢漁業者が夫人を伴って出漁するケースがあることを、いくつかの章で指摘している。山内（第2章）は50歳代以上の女性の海上作業の割合が1978年から2003年の間に上昇したことを見出している。大谷（第3章）は高齢漁業者が経営主の場合、約3分の1は夫婦営漁であると述べている。工藤（第4章）は高齢男子または高齢の夫婦のみが漁業に従事している世帯が全体の4割を占めており、その世帯には他に同居する家族がいないと述べている。そこで夫婦営漁が継続できなくなったときが、漁業を廃業する時期となる。そのとき、どちらか一方だけでも希望すれば海上・陸上作業に就ける道はないのであろうか。また陸上労働力については、工藤（第7章）が、北海道礼文島の事例として、網外しなどの陸上作業の労働力を確保できないために、ホッケ刺網漁業者が規模拡大をできない状況をリポートしている。

　海上・陸上労働力ともに、かつて家族労働の中で賄われてきたものが、家族の規模縮小とともに不可能になっていった。そうであれば、家族に代わるような労働力が地域内で臨機応変に確保できることが、また高齢漁業者自身も他の家族の欠損を充たす海上・陸上労働力となっていけることが、高齢漁業者が漁業を継続していくために求められる課題ということになる。人材を適材適所に配置するような仲介組織があれば、当面の困難はある程度解決されるだろう。外部から臨時雇用者を呼び込むことも、浜全体として組織的に行えばより容易になるだろう。

　また、設備の更新ができない場合の手当てであるが、これには2つの方法が用意されるべきであろう。1つは、自前の設備を廃棄した後共有設備を用いる可能性である。そのためには地域で設備を共有するか複数の漁家が共同で設備を使用するという方法が考えられる。設備の共同利用は協業化や複数経営をひとまとめにする法人化によって実現できるだろう。もう1つの道は、自営漁業廃業後に雇用労働力になるという方法である。大谷（第3章）は自

営定置の乗組員という仕事が高齢漁業者に向いた仕事であると述べている。山口県の事例では、乗組員になるために高齢漁業者が順番待ちをしていることもリポートされている。このことから、自営の漁業経営者としての職を廃業した後も漁業を続けたい高齢漁業者が存在することと、その受け皿が限られていることが示唆される。

　このように見ていくと、高齢漁業者がいつまでも働き続けられる漁村とは、漁村内での労働力と漁船設備の過不足がスムーズに調整され、漁業種類の移行や自営から雇用労働力への移行もスムーズに行われうるような姿である。労働力の過不足は他地域や他産業との調整で賄うことができればより望ましいだろう。浜全体が1つの会社のように機能し、漁村内部で情報の伝達と人材・設備の移動が行われやすいような構造に転換することが望まれる。下田（第6章）は雇用・就業機会の保障こそ最大の社会保障であると述べていることから、高齢者がいつまでも働き続けられるような環境を整えることには一定の合理性がある。

(2) 新たな担い手の確保

　新たな担い手を確保するためにはこれまでも種々の施策が講じられてきたが、新規着業者は年間2,000人程度にとどまっている。新たな担い手の候補としては漁家の後継者、非漁家の出身者、および外国人労働力が考えられる。まず漁家の後継者について見てみると、そもそも漁家世帯内での再生産機能が低下しており、嫡男が漁家にいないことを山内（第2章）は指摘している。

　そこで非漁家出身者に漁業に就業してもらわねばならない。このため漁業就業者フェアが開催されたり、各漁協単位でホームページなどで新規参入者を募集したりしているが、就業希望者のうち受け入れ先と最終的にマッチングするのは数％に過ぎないことを山下（第8章）は指摘している。ミスマッチの原因は様々であろうが、自営漁業を後継することを前提とする漁家の後継者と異なり、非漁家出身者が描く漁業者としてのライフコースが多様であることもその原因の1つであろう。将来自営漁業者になることを志すか否

かにかかわらず、着業からの数年間は少なくとも安定的な雇用者のもとで安定的な収入を得ながら漁業経験を積み重ねていくことを希望するだろう。

この点をふまえ、山内（第2章）は、非漁家出身者に漁業に参入してもらう手段として、法人化した経営組織を再評価することも必要と提言している。またこの提言は加藤（第5章）が例示した北海道の大規模農業経営の事例にも通じるものがある。北海道のA市において、3戸の農家が有限会社のB法人を設立することで、大規模化のメリットを享受するとともに3戸すべてに後継者がいなくても農業を続けることができるようになった。また担い手問題も、今後は雇用労働力で対処することができる可能性があることが法人化のメリットであると述べている。これら2つの議論をまとめると、複数経営を集約して法人化することで、第1に後継者不足に対応することができ、第2に個人経営では雇い入れが難しかった雇用労働力についても受け入れる余地が生じるというメリットがある。

第3の道は外国人労働力の活用である。山下（第8章）において、台湾における積極的な外国人労働力の活用事例が紹介されていた。日本では沿岸漁業に外国人労働力を活用することは経営規模の面からもあまり行われていないが、沿岸漁業経営に上記のような規模拡大や法人化がなされれば、外国人労働力を積極的に活用する道も開けていくだろう。

（3）効率的な漁業経営

高齢漁業者が働き続け、新たな担い手が確保できたとしても、漁業就業者の絶対数が縮小することは必至であろう。そうすると、少人数でも一定の生産量を確保できるような効率的な漁業経営が必要になる。本書で述べられている将来展望として、山内（第2章）は、将来的に漁業就業者が減少することで資源の回復が進み経営が改善する可能性、およびより少数の企業的経営が自営が担ってきた生産の肩代わりをする可能性について指摘している。同様に、工藤（第4章）は楽観論としてではあるが、経営体数は大幅に減少するものの、効率的かつ安定的な漁業経営によって漁業生産は維持されるという考えを示している。

漁業者数が減ったために取り残した漁業資源を残存経営体が効率よく収穫していくためには、漁船規模、漁具、操業条件など地域に課せられていた技術的制約を緩和していく必要があるだろう。資源に余裕があり、残存経営体に規模拡大の要望があるならば、そうした規制緩和は推進されるべきものであろう。また、経営体としての新規参入の要望が生じるかもしれない。改善された経営とそれに伴う漁業所得の上昇は、漁業部門への法人ベース、個人ベースでの新規参入を促進するかもしれない。これもまた、漁業構造改革の結果もたらされる。このように見ていくと、漁村における規模拡大と漁業経営の法人化は1つの方向性であると言えよう。

　10年後の漁村のあるべき姿を実現するためには、一方では高齢漁業者がいつまでも働き続けられるような人材移動と漁船設備の調整、他方では若年者や新たな経営者を含む新規参入の促進、そのための規制緩和や雇用労働力の受け入れ組織づくりが必要である。そうした漁村の情報を集約し、調整機能を担う中核的な機関として漁協が機能すべきかもしれない。そして漁協がこの機能を担えない場合には、「浜の会社」ともいうべき法人を設立することが、1つの選択肢になりうるであろう。

あとがき

本書は科学研究費補助金による研究「漁業者高齢化の社会経済要因分析」(平成23-25年度、基盤C(一般)23580311)の成果である。本書の出版に当たっては科学研究費研究成果公開促進費学術図書助成(平成26年度、265246)の助成を受けた。ご支援に感謝申し上げる。

研究にあたって、山下東子は農林水産省より「漁業経営調査」個票の提供を受けた。工藤貴史は農林水産省より「2008年漁業センサス」個票の提供を受けた。農林水産省に感謝申し上げる。

本書は科学研究費補助金の研究代表者山下東子、研究分担者下田直樹、工藤貴史、連携研究者加藤基樹、および研究会で報告した山内昌和、大谷誠の6名が執筆している。本書執筆に先立ち、2013年5月に漁業経済学会第60回大会においてシンポジウム「高齢漁業者の実像と10年後の漁村」を開催し、シンポジウム報告論文を漁業経済学会誌第58巻第1号に掲載した。論文の本書への転載を許可していただいた漁業経済学会に感謝申し上げる。堀口健治早稲田大学名誉教授も研究分担者の御1人であった。ご指導に感謝申し上げる。本書の編集にあたっては鈴木節さんに大変お世話になった。感謝申し上げる。出版に当たっては北斗書房山本義樹社長にご尽力いただいた。感謝申し上げる。なお、ありうべき誤りは編著者の責に帰すものである。

本書は主として2008年漁業センサスの分析に基づいているが、本書が出版される時期にはすでに2013年漁業センサスが利用可能になってしまった。出版時期が遅すぎた感があり、残念ではあるが、数年間の研究成果であることを踏まえるとこうした遅延は致し方ないと読者諸兄にはお赦しいただき、2013年漁業センサスに基づいて高齢化研究がさらに継続されることを期待したい。

最後に本書各章の初出一覧を上げる。それぞれ、初出原稿のタイトル変更や大幅な加筆修正を行っていることをお断りしておく。

序　章(山下東子)　　　書き下ろし
第1章(山下東子)　　　「高齢漁業者の就業継続とその社会的利益・社会的費用」漁業経済研究58-2、1-14頁(漁業経済学会)、2014年1月
第2章(山内昌和)　　　「就業者の推移からみた自営漁業の生産力の将来見通しと政策課題」漁業経済研究58-2、15-32頁(漁

	業経済学会）、2014 年 1 月
第 3 章（大谷誠）	「高齢自営漁業者の存在形態の今日的特徴」漁業経済研究 58-2、33-45 頁（漁業経済学会）、2014 年 1 月
第 4 章（工藤貴史）	「日本漁業における高齢漁業者の生産力と役割」漁業経済研究 58-2、47-62 頁（漁業経済学会）、2014 年 1 月
第 5 章（加藤基樹）	「農業高齢化の実態と離農の要因─漁業との比較のために─」漁業経済研究 58-2、63-77 頁（漁業経済学会）、2014 年 1 月
第 6 章（下田直樹）	書き下ろし
第 7 章（工藤貴史）	「磯根漁業の操業類型と就業構造」『平成 10 年度沿岸漁業経営条件調査委託事業地域調査報告書（新潟県相川地区）』、全国沿岸漁業振興開発協会、38-48 頁、1999 年、「日本の漁業・漁村の現状と課題」寺西俊一・石田信隆（編）『農林水産業の未来をひらく』中央経済社、157-179 頁、2013 年、「漁村地域における遊漁船業の発展と役割─和歌山県印南町地区を事例として－」漁業経済研究 50-1、43-62 頁（漁業経済学会）、2005 年、「離島漁業の問題構造と政策課題－北海道礼文島を事例として－」北日本漁業 35、57-68 頁（北日本漁業経済学会）、2007 年
第 8 章（山下東子）	Comparative Study on the Fishery Labor Supply in East Asian Countries/Region, IIFET2014 Australia Conference Proceedings, online publishing, pp.1-8, 2014 年 12 月
第 9 章（山下東子）	書き下ろし

2015 年 1 月 20 日　山下東子

執筆者一覧

山下東子（やました　はるこ）　大東文化大学経済学部教授。1980 年同志社大学経済学部卒業、84 年シカゴ大学大学院経済学研究科修士、92 年早稲田大学大学院経済学研究科博士課程退学、博士（学術）広島大学。明海大学を経て 2013 年より現職。主な著書に『東南アジアのマグロ関連産業』、鳳書房、2008 年、『魚の経済学』、日本評論社、2009 年、『魚の経済学（第 2 版）』、日本評論社、2012 年がある。

山内昌和（やまうち　まさかず）　国立社会保障・人口問題研究所室長。1997 年東京大学理学部卒業、99 年東京大学理学系研究科修士課程修了、2003 年東京大学総合文化研究科博士課程修了、博士（学術）東京大学。国立社会保障・人口問題研究所研究員、主任研究官を経て 2010 年から現職。主な著書（分担執筆）に、『漁業、魚、海をとおして見つめる地域：地理学からのアプローチ』、冬弓社、2013 年、『地域と人口からみる日本の姿』、古今書院、2011 年、『地図で見る日本の外国人』、ナカニシヤ出版、2011 年がある。

大谷誠（おおたに　まこと）　水産大学校水産流通経営学科准教授。1998 年東京水産大学資源管理学科卒業、2000 年東京水産大学水産学研究科修士。水産総合研究センター中央水産研究所を経て 2010 年より現職。主な論文に『I ターン労働力の特質』、漁業経済研究第 55 巻第 2 号、2011 年、『山口県離島における若年者の流入・定着条件』、地域漁業研究第 52 巻第 3 号、2012 年などがある。

工藤貴史（くどう　たかふみ）東京海洋大学海洋科学部准教授。1993 年東京水産大学資源管理学科卒業、95 年東京水産大学大学院水産学研究科修士、97 年東京水産大学大学院水産学研究科博士課程退学、博士（水産）東京水産大学。1997 年東京水産大学助手を経て、2008 年より現職。主な著書に『江戸前の環境学　海を楽しむ・考える・学びあう 12 章』、東京大学出版会、2012 年、『新時代の漁業構造と新たな役割－ 2008 年漁業センサス構造分析書』、農林統計協会、2011 年、『ポイント整理で学ぶ水産経済』、北斗書房、2008 年がある（全て共著）。

加藤基樹（かとう　もとき）早稲田大学平山郁夫記念ボランティアセンター助教。1994 年早稲田大学政治経済学部卒業、97 年早稲田大学大学院経済学研究科修士課程、2005 年東京農工大学大学院連合農学研究科博士課程修了。博士（農学）。2011 年より現職。『書を持って農村へ行こう』（堀口健治と共編著）早稲田大学出版部、2011 年、『0 泊 3 日からの支援の出発』（編著）早稲田大学出版部、2011 年、『ともに創る！まちの新しい未来』（早田宰ほかと共編著）早稲田大学出版部、2013 年、など。

下田直樹（しもだ　なおき）明海大学経済学部教授。1982 年東洋大学経済学部卒業、87 年東洋大学大学院経済学研究科博士後期課程修了、経済学博士。2005 年より現職。主な著書及び論文に、『安心社会への軟着陸』、OMS 出版、2000 年、『安心社会の課題』、形相、2005 年、「日本企業の競争力の源泉としてのチームワークとキャリア教育」（池田典子氏との共著）『明海大学大学院経済学研究科紀要』、2012 年などがある。

漁業者高齢化と十年後の漁村

2015年2月20日　初版発行

編　著　　山下　東子
発行者　　山本　義樹
発行所　　北 斗 書 房
〒132-0024 東京都江戸川区一之江 8 － 3 － 2
電話 03-3674-5241　　ＦＡＸ03-3674-5244
URL htpp://www.gyokyo.co.jp

印刷・製本　　モリモト印刷
カバーデザイン　エヌケイクルー
ISDN 978-4-89290-029-7 C3063

本書の内容の一部又は全部を無断で複写複製（コ
ピー）することは、法律で認められた場合を除き、
著者及び出版社の権利障害となりますので、コピー
の必要がある場合は、予め当社宛許諾を求めて下さい。

北斗書房の本

東南アジア、水産物貿易のダイナミズムと新しい潮流

山尾政博 編著

2014 年 8 月 28 日第 1 刷発行　　　3,000 円＋税

ISBN978-4-89290-029-7　　　　A5 判 217 頁

変わりゆく日本漁業

その可能性と持続性を求めて

多田　稔・妻　小波・有路　昌彦・松井　隆宏・原田　幸子　編著

2014 年 8 月 2 日 第 1 刷発行　　　3,500 円＋税

ISBN978-4-89290-028-0　　　　A5 判 333 頁

『コモンズの悲劇』から脱皮せよ

日本型漁業に学ぶ　経済成長主義の危うさ

佐藤力生 著

2013 年 11 月 28 日 第 1 刷発行　　　1,600 円＋税

ISBN978-4-89290-026-6　　　　四六判 254 頁

漁協経営センターの本

月刊 漁業と漁協

●毎月 1 回 1 日発行　　●年間予約購読料　12,336 円（税・送料込）
●定価 1 冊につき 1,028 円（税・送料込）
　経営管理の問題にタイムリーな記事を特集／実務の入門から研究まで。関係法令入門、
　税務・会計入門、経営改善／水協組監査士受験資料／経営事例、営漁指導

水協法・漁業法の解説（21訂版）

漁協組織研究会 著

ISBN978-4-897409-050-3

2015 年 3 月
最新版